Jose Addy

Impacto dos efluentes de matadouro na qualidade da água do rio K/Ala, Nigéria

Jose Addy

Impacto dos efluentes de matadouro na qualidade da água do rio K/Ala, Nigéria

ScienciaScripts

Imprint

Cover image: www.ingimage.com

This book is a translation from the original published under ISBN 978-3-659-79518-3.

Publisher:
Sciencia Scripts
is a trademark of
Dodo Books Indian Ocean Ltd. and OmniScriptum S.R.L publishing group

120 High Road, East Finchley, London, N2 9ED, United Kingdom
Str. Armeneasca 28/1, office 1, Chisinau MD-2012, Republic of Moldova, Europe
Printed at: see last page
ISBN: 978-620-8-30039-5

RESUMO

As amostras de água de cinco locais de amostragem foram analisadas quanto às propriedades físico-químicas e bacteriológicas utilizando métodos normalizados para avaliar o impacto dos efluentes de matadouros na qualidade das águas superficiais do rio Katsina-ala, estado de Benue, Nigéria, nas estações das chuvas e da seca. Os resultados obtidos para a estação das chuvas foram: temperatura (29,6 + 0,41° C); turvação (64,6 + 49,1 NTU); cor (300 + 122,9); TSS (37,0 + 11,57mg/l); TDS (34.9 + 8,7mg/l); TS (71,9 + 18,01mg/l); pH (6,7 + 0,08); dureza (40,0 + 24,4mg/l); Ca^{2+} (24,0 + 8,9mg/l); Mg^{2+} (20,0 + 20,0mg/l); Cl^{-} (51,43 + 0.71mg/l); $NO3^{-}$ (48,3 + 5,5 mg/l); $SO4^{2-}$ (34,2 + 8,6mg/l); $PO4^{3-}$ (1,3 + 0,4 mg/l); CQO (210,0 + 80,1 mg/l); OD (6,1 + 0,14mg/l); CBO (105,0 + 40,1mg/l); Fe^{2+} (0.52 + 0,50mg/l); Zn^{2+} (1,13 + 0,30mg/l); Cr^{6+} (0,026 + 0,011mg/l); Mn^{2+} (0,068 + 0,08mg/l); Cu^{2+} (0,66 + 0,38mg/l); Pb^{2+} (0,0046 + 0,001mg/l); Cd^{2+} (0,0020 + 0,0007mg/l). Os coliformes e Streptococcus isolados foram Escherichi coli; Klebsiella spp; Proteus vulgaris; Salmonella typhi e Streptococcus faecalis com a contagem bacteriana média mais baixa de Streptococcus faecalis (0,0049 + 0,0073 CFU/ml) e a contagem bacteriana média mais elevada de Escherichi coli (0,0038 + 0,002 CFU/ml) na estação das chuvas. Os resultados da estação seca foram: temperatura (31,2 + 0,45° C); turvação (52,8 + 115,80 NTU); cor (110,2 + 245,8); TSS (27,4 + 59,6mg/l); TDS (20,4 + 12.4mg/l); TS (47,8 + 71,9mg/l); pH (7,08 + 0,27); dureza (48,0 + 10,9mg/l); Ca^{2+} (28,0 + 10,9mg/l); Mg^{2+} (20,0 + 0,03mg/l); Cl^{-} (51,43 + 5,9mg/l); $NO3^{-}$ (38.5 + 14,3 mg/l); $SO4^{2-}$ (25,2 + 9,4mg/l); $PO4^{3-}$ (1,2 + 0,5 mg/l); CQO (181,6 + 83,4 mg/l); OD (5,1 + 0,15mg/l); CBO (105,0 + 40,0mg/l); Fe^{2+} (1,62 + 1.33mg/l); Zn^{2+} (1,65 + 0,79mg/l); Cr^{6+} (0,026 + 0,011mg/l); Mn^{2+} (0,018 + 0,008mg/l); Cu^{2+} (0,73 + 0,32mg/l); pb^{2+} (0,0046 + 0,001mg/l); Cd^{2+} (0,00017 + 0,00061mg/l). As bactérias isoladas na estação seca foram Escherichi coli; Klebsiella spp; Proteus vulgaris; Salmonella typhi e Streptococcus faecalis. A contagem bacteriana média mais baixa foi de Salmonella typhi (0,014 + 0,013 CFU/ml) e a mais alta de Escherichi coli (0,0038 + 0,003 CFU/ml). A presença de Escherichi coli indica uma possível contaminação fecal. Os resultados revelaram que a maioria dos parâmetros físico-químicos e a carga bacteriana estavam dentro dos limites máximos aceites pela FEPA (1991) e pela OMS (2004). As concentrações de nitrato (48,3 mg/l, 38,5 mg/l), de CQO (210,0 mg/l, 181,6 mg/l) e de CBO (105,0 mg/l e 40,0 mg/l) na estação das chuvas e na estação seca estavam acima do limite máximo de 20 mg/l, 80 mg/l e 50 mg/l, respetivamente, estabelecido pela FEPA (1991)/OMS (2004) para ambas as estações. Foi observada uma correlação negativa ($p<0,05$) entre o oxigénio dissolvido na estação seca e os parâmetros físico-químicos na estação das chuvas, DO e CBO ($r= -0,988$); DO e CQO ($r= -0,912$). O traço/metais pesados e a carga bacteriana estavam dentro do limite máximo permitido em ambas as estações. Não houve diferença significativa ($p<0,05$) entre as médias dos locais a montante e a jusante em ambas as estações; embora tenha havido diferença significativa ($p<0,05$) nos locais do matadouro. O rio Katsina-ala está ligeiramente poluído. Os efluentes do matadouro contribuíram grandemente para perturbar o equilíbrio físico-químico e bacteriológico do rio. Sugere-se que os efluentes do matadouro sejam tratados antes de serem descarregados no rio para reduzir os riscos para o ambiente e para a saúde.

RECONHECIMENTO

Estou muito grato a Deus Todo-Poderoso pelo Seu favor divino, graça e força concedidos aos meus supervisores e a mim durante este estudo.

Expresso a minha sincera gratidão ao meu supervisor, Professor Amali, Okwoli, que examinou diligentemente este projeto e partilhou os seus vastos conhecimentos para garantir o seu sucesso. (Sra.) Ega, R.A.I., que disponibilizou o seu tempo para supervisionar este trabalho, apesar do seu horário apertado como Chefe de Departamento. Deus vos abençoe imensamente e vos dê uma longa vida para que possam transmitir conhecimentos aos outros. Estou muito grato aos professores do Departamento e da Faculdade por me terem dado a oportunidade de beneficiar dos seus conhecimentos que não podem ser quantificados. Agradeço vivamente o apoio recebido do Water Works Laboratory do Estado de Benue, Nigéria.

Um agradecimento especial ao meu falecido pai, Sr. P.K. Addy, cuja principal preocupação eram os meus estudos. Estou muito grato ao meu falecido Sr. e Sra. J.K. Aikor pelo seu apoio durante a educação e os estudos. Gostaria que eles estivessem vivos para atestar este facto. Agradeço à minha mãe, Sra. J.P. Addy, aos meus irmãos, amigos, familiares e a todos os que me apoiaram durante os meus estudos nesta cidadela de excelência académica.

ÍNDICE DE CONTEÚDOS:

LISTA DE ABREVIATURAS

ANOVA: Analysis of Variance
APHA: America Public Health Association
AWWA: America Water Works Association
BOD: Biochemical Oxygen Demand
Cd: Cadmium
CFU: Coliform Forming Unit
CLED: Cystine Lactose Electrolyte Deficiency
COD: Chemical Oxygen Demand
Cu: Copper
Cr: Chromium
DNMRT: Duncan New Multiple Range Test
DO: Dissolved Oxygen
EC: European Commission
EDTA: Ethylene Diamine Tetra acetic Acid
EHEC: Enterotoxigenic *Escherichia coli*
EIA: Environmental Impact Assessment
EPEC: Enteropathogenic *Escherichia coli*)
FAO: Food and Agricultural Organization
FEPA: Federal Environment Protection Agency
FGN: Federal Government of Nigeria
FMEnv: Federal Ministry of Environment
HNO_3: Trioxonitrate (v) acid
IARC: International Agency for Research on Cancer
Mn: Manganese
MA: Millennium Assessment
MPN: Most Probable Number
N: Nitrogen
NESREA: National Environmental Standards and Regulations Enforcement Agency
NOSDRA: National Oil Spill Detection and Response Agency
NTU: Nephelometric Turbidity Units
P: Phosphorus
Pb: Lead
pH: Hydrogen ion
SD: Standard deviation
SE: Standard error
SPSS: Statistical Package for Social Scientists
TDS: Total Dissolved Solids
TS: Total Solids
UN: United Nations
UNEP GEMS: United Nations Environment Programme Global Environment Monitoring System
UNEP: United Nations Environment Programme
UNESCO: United Nations Education, Science and Cultural Organization
UNICEF: United Nations Children Emergency Fund
UNWWAP: United Nations World Water Assessment Programme
USEPA: United States Environment Protection Agency
WEF: Water Environmental Federation
WHO: World Health Organization
Zn: Zinc

CAPÍTULO 1

INTRODUÇÃO

Embora a água seja muito importante para a vida, é um dos recursos mais mal geridos do mundo (Fakayode, 2005). A qualidade da água no mundo está cada vez mais ameaçada à medida que as populações humanas crescem, as indústrias e as actividades agrícolas se expandem e as alterações climáticas ameaçam causar grandes alterações no ciclo hidrológico (UNEP, 2010). A água é um fator de produção em praticamente todas as empresas, incluindo a agricultura, a indústria e o sector dos serviços (UNESCO, 2006). A necessidade diária de água potável por pessoa é de 2 a 4 litros, mas são necessários 2000 a 5000 litros de água para produzir os alimentos diários de uma pessoa (FAO, 2007). O acesso à água potável é um direito humano (PNUD, 2006), mas quase 900 milhões de pessoas não têm atualmente acesso a água potável e estima-se que 2,6 mil milhões de pessoas não têm acesso a saneamento básico (OMS/UNICEF, 2010). A água doce limpa, segura e adequada é vital para a sobrevivência de todos os organismos vivos e para o bom funcionamento dos ecossistemas, das comunidades e das economias. Tanto as actividades humanas como as actividades naturais podem alterar as caraterísticas físicas, químicas e biológicas da água e podem ter ramificações específicas no ecossistema e na saúde humana. A maior parte das actividades antropogénicas que resultam na poluição da água são frequentemente realizadas de forma ignorante.

A poluição da água é um problema grave que afecta a maioria dos países em desenvolvimento. As fontes de poluição ocorrem através de poluentes que são emitidos diretamente para a massa de água. A poluição das águas superficiais, habitat natural dos animais aquáticos, pode ter um impacto direto ou indireto no homem, uma vez que menos de 1% da água doce do mundo, cerca de 0,007% de toda a água da Terra, é facilmente acessível para uso humano direto (UNESCO, 2006; Krantz e Kifferstein, 2005). No Dia Mundial da Água, em 2010, o PNUA e a UN-Habitat lançaram o relatório 'Sick Water- the Central Role of Wastewater Management in Sustainable Development', que mostra que cerca de 90% de todas as águas residuais nos países em desenvolvimento são atualmente descarregadas sem tratamento diretamente nos rios, lagos ou oceanos (PNUA, 2010). Esta afirmação (UN Water, 2008) mostra que uns impressionantes 80-90 por cento de todas as águas residuais geradas nos países em desenvolvimento são descarregadas diretamente nas águas superficiais.

Os matadouros são geralmente conhecidos em todo o mundo por poluírem o ambiente direta ou indiretamente a partir dos seus vários processos (Adelegan, 2002). Embora o abate de animais resulte no fornecimento de carne e de subprodutos úteis como o couro e a pele, os derrames de resíduos animais podem introduzir agentes patogénicos entéricos e nutrientes em excesso nas águas superficiais e podem também contaminar as águas subterrâneas (Meadows, 1995).

Na Nigéria, vários estudos identificaram as actividades antropogénicas como fonte fácil de poluição da água (Kaizer et al., 2001; Obasi e Balogun 2001; Ovrawah e Hymore 2001). O sangue e as fezes dos animais são libertados sem tratamento para a corrente, enquanto as peças de consumo são lavadas diretamente para a água corrente (Adelegan, 2002). Os matadouros estão normalmente localizados perto de massas de água onde o acesso à água para processamento é garantido, embora as suas operações não estejam geralmente regulamentadas. A contaminação das massas de água dos rios pelos resíduos dos matadouros pode constituir um perigo significativo para o ambiente e a saúde (Akan et al., 2010; Mihir et al., 2009; Akinrol et al., 2009;

Raheem e Morenikeji 2008; Omole e Longe 2008; Osibajo e Adie, 2007; Nafarmda et al., 2006; Owili, 2003; Coker et al., 2001; Banco Mundial, 1995). Os metais pesados presentes na maioria dos rios nigerianos encontram-se em concentrações muito acima dos níveis aceitáveis e admissíveis: chumbo (Olayinka e Alo, 2004).

A quantidade total de resíduos produzidos por animal abatido é de aproximadamente 35% do seu peso corporal (Banco Mundial, 1998). O peso de uma vaca adulta varia com o tamanho, indo de 400 kg para as magras, 550 kg para as moderadas e 750 kg para as extremamente gordas (Hammack e Gill, 2002). Uma vaca com 400 kg produzirá cerca de 140 kg de carne comestível, o que representa apenas 35% do seu peso. Os restantes 65% são resíduos sólidos ou líquidos (Scahill, 2003). Os resíduos dos matadouros contêm tipicamente gordura, gordura, pelo, penas, carne, estrume, cascalho e alimentos não digeridos, sangue, ossos e água do processo, que se caracterizam por elevados níveis orgânicos (Bull et al., 1982; Coker et al., 2001; Nafarmda et al., 2006). Gannon et al., (2004) mostraram no seu estudo que uma vaca abatida produzia 13,6 kg de sangue (com a densidade do sangue bovino a variar entre 0,01 e 0,15 gcc^{-1}). Além disso, o volume de água necessário para o processamento ou transformação da carne variava entre 1,5 e 10 m^3 t^{-1} para os suínos, 2,5 e 40m^3 t^{-1} de produto para os bovinos e 6 e 30 m^3 t^{-1} de produto para as aves de capoeira. Tritt e Schuchardt (1992) referiram, num estudo efectuado na Alemanha, que o sangue, um dos principais poluentes dos efluentes do abate, tem uma CQO de 375000mgL^{-1} . Comparativamente, no Canadá, um estudo realizado por Mittal (2004) mostra concentrações de TS (2333-8620 mg L-1); TSS (736-2099 mg L-1); enquanto os níveis médios de azoto e fósforo foram avaliados em 6 e 2,3 mg L-1, respetivamente, pelo que os efluentes de matadouros podem aumentar consideravelmente os níveis de azoto, fósforo e sólidos totais na massa de água recetora. O excesso de nutrientes faz com que a massa de água fique sufocada com substâncias orgânicas e organismos. Quando a matéria orgânica excede a capacidade dos microrganismos na água que decompõem e reciclam a matéria orgânica, estimula o crescimento rápido, ou proliferação, de algas, levando à eutrofização.

Os microrganismos normalmente utilizados como indicadores da qualidade da água incluem: Coliformes, Streptococci fecais, Clostridium perfringens e Pseudomonas aeruginosa (Bonde, 1977; Alonge 1991). A presença de coliformes fecais é considerada como evidência presuntiva de poluição fecal (Mara 1978). Sistemas de eliminação inadequados de resíduos de matadouros podem levar à transmissão de agentes patogénicos aos seres humanos (Cadmus et al., 1999). Coker et al., (2001) identificaram bactérias patogénicas nos efluentes de matadouros, incluindo Staphylococcus sp. e Streptococcus sp. no sul da Nigéria. Apesar de a Agência Federal de Proteção do Ambiente da Nigéria (FEPA, 1991) delinear diretrizes e normas nacionais para a gestão de efluentes, emissões gasosas e resíduos perigosos, estas diretrizes não foram totalmente respeitadas na eliminação de efluentes de matadouros em muitas áreas da Nigéria, incluindo Katsina-Ala, estado de Benue. Os nigerianos obtêm a sua água de águas superficiais (riachos/rios, etc.), poços, recolha de chuva, água canalizada e (FGN, 2000). Devido à falta de abastecimento público de água segura no município de Katsina-Ala, o rio Katsina-Ala tornou-se uma importante fonte de abastecimento de água; e os efluentes do matadouro de Katsina-Ala podem poluir a água do rio Katsina-Ala. Prevê-se que os resultados deste trabalho pioneiro avaliem a qualidade da água do rio e o impacto dos efluentes do matadouro na sua qualidade. Os resultados deste estudo também podem fornecer informações úteis que ajudarão os decisores políticos sobre questões ambientais a avaliar corretamente o impacto dos efluentes do matadouro nas pessoas e no ecossistema aquático.

1.1. Finalidade e objectivos

O estudo tem por objetivo determinar o efeito das descargas de efluentes de matadouros na qualidade da água do rio Katsina-Ala, no Estado de Benue.

Os objectivos do estudo são:

1. Estabelecer as propriedades físico-químicas do rio Katsina-Ala
2. Identificar o nível de contaminação físico-química e microbiana devido aos efluentes de matadouros na qualidade das águas superficiais do rio Katsina-Ala

1.2. Âmbito do estudo

Este estudo restringiu-se ao matadouro de Katsina-ala devido ao tempo, ao elevado custo da análise e ao custo do transporte das amostras para o laboratório no Water Works Laboratory em Makurdi, Estado de Benue, Nigéria. As amostras foram analisadas em termos de análises físico-químicas e bacteriológicas. A análise de metais pesados foi efectuada utilizando o Espectrofotómetro de Absorção Atómica (AAS) modelo DR 2000.

CAPÍTULO 2
REVISÃO DA LITERATURA

2.1. Fontes de água

Estima-se que 48% (cerca de 67 milhões de nigerianos), de acordo com o censo de 2006 (FGN, 2007), utilizam água de superfície para as suas necessidades domésticas, 57% (79 milhões) utilizam poços escavados à mão, 20% (27,8 milhões) colhem água da chuva, 14% (19,5 milhões) têm acesso a água canalizada e 14% têm acesso a fontes de água de furos (FGN, 2000). Ahianba et al. (2008) afirmaram que 33,82% (47,3 milhões) dos nigerianos dependem exclusivamente de águas superficiais para o seu abastecimento doméstico de água, 28,27% (39,3 milhões) de fontes de poços escavados à mão, 24,38% (33,9 milhões) de água canalizada, 11,83% (16,4 milhões) de fontes de água de furos e 1,7% (2,4 milhões) de vendedores de água. Por mais abundante que possa parecer, a água, no seu estado puro, é um dos elementos mais raros do mundo (Omole & Longe, 2008).

2.2. Impacto do enriquecimento de nutrientes no habitat físico

O enriquecimento em nutrientes pode alterar substancialmente o habitat. O efeito direto do enriquecimento em nutrientes nos rios é a acumulação excessiva de algas filamentosas durante o pico da estação de crescimento no verão, alterando o ambiente de fluxo, o habitat físico bentónico utilizado pelos invertebrados e vertebrados dos cursos de água (Welch et al., 1989). As algas verdes filamentosas, como Cladophora, Ulothrix e Rhizoclonium, favorecem ambientes enriquecidos em nutrientes. O enriquecimento em nutrientes pode também levar a um crescimento excessivo do fitoplâncton. O crescimento excessivo de algas planctónicas em águas de movimento lento pode reduzir a penetração da luz e, consequentemente, limitar o crescimento de plantas aquáticas submersas, diminuindo o habitat e o abrigo disponíveis para os peixes e os seus organismos de alimentação (Sand-Jensen et al., 2000). As algas atenuam a velocidade da corrente mais do que as macrófitas, e dos diferentes tipos de algas, a agregação densa de diatomáceas (Cymbela primária) atenua a velocidade mais do que as algas verdes filamentosas ou as algas vermelhas (Dodds e Biggs, 2002).

2.2.1. Eutrofização

O problema de qualidade da água mais generalizado do planeta é o enriquecimento em nutrientes, causado em grande parte pelo azoto e pelo fósforo provenientes do escoamento agrícola e dos resíduos humanos e industriais. O enriquecimento em nutrientes resulta num crescimento excessivo de plantas (principalmente algas) e na sua decomposição, que retira à água o necessário para a sobrevivência de muitos organismos aquáticos (UN WWAP, 2009). O excesso de nutrientes estimula o crescimento rápido ou a proliferação de algas, levando à eutrofização. Grandes quantidades de nutrientes libertados nas águas doces através das águas residuais dos matadouros podem resultar no enriquecimento em nutrientes, estimulando o crescimento de algas que, por sua vez, afecta a profundidade da zona fótica, causando a depleção do oxigénio dissolvido, a bioacumulação de compostos orgânicos e inorgânicos e a alteração das interações tróficas entre a flora e a fauna aquáticas (Danulat et al., 2002, Russo, 2002). O enriquecimento em nutrientes leva a um crescimento excessivo de produtores primários, bem como de bactérias e fungos heterotróficos, o que aumenta as actividades metabólicas da água do rio e pode levar a uma depleção do oxigénio dissolvido, Mallin et al. (2006). Durante o dia, a fotossíntese dos produtores primários fornece uma grande quantidade de oxigénio à água. À noite, a fotossíntese pára e a respiração elevada das algas e bactérias continua a consumir o oxigénio dissolvido, o que pode esgotar o oxigénio dissolvido.

O enriquecimento em nutrientes pode também causar a acidificação dos ecossistemas de água doce, com impacto na biodiversidade (MA, 2005b). A poluição por azoto inorgânico pode aumentar a concentração de iões de hidrogénio nos ecossistemas de água doce sem grande capacidade de neutralização de ácidos, resultando na acidificação desses sistemas ecológicos. Uma gama de pH de 5,5 - 6,0 parece ser um limiar importante abaixo do qual os danos à biota aquática sensível continuarão a ser um problema ambiental local e regional importante (Doka et al., 2003).

Em ambientes de água doce, o fósforo tem sido frequentemente identificado como o principal nutriente limitante para o crescimento de algas (Camargo et al., 2005b), embora em muitos casos o azoto possa também desempenhar um papel importante na produção primária líquida, especialmente em lagos e cursos de água com baixos rácios de carga de N: P (Wetzel, 2001). Outros nutrientes, como o silício e o ferro, também podem influenciar significativamente o crescimento e a abundância de algas (por exemplo, diatomáceas) mas, em geral, em menor grau do que o azoto e o fósforo (Wetzel, 2001). Os ecossistemas de água doce e marinhos podem, no entanto, evoluir para uma maior incidência de limitação de silício em resultado do aumento das cargas de azoto e fósforo (Turner et al., 2003b).

2.2.2. Toxicidade do excesso de nutrientes

Os animais aquáticos estão, em geral, mais bem adaptados a níveis relativamente baixos de azoto inorgânico, uma vez que os ecossistemas naturais (não poluídos) não estão frequentemente saturados de azoto e as concentrações naturais de compostos azotados inorgânicos não são normalmente elevadas (Wetzel, 2001). Por conseguinte, níveis elevados de amoníaco, nitrito e nitrato, derivados de actividades humanas, podem prejudicar a capacidade de sobrevivência, crescimento e reprodução dos animais aquáticos, resultando na toxicidade direta (aguda ou crónica) destes compostos azotados inorgânicos (Jensen, 2003). Os fosfatos não são tóxicos para as pessoas ou os animais, exceto se estiverem presentes em níveis muito elevados. Podem surgir problemas digestivos devido a níveis extremamente elevados de fosfatos.

2.3. Indicadores bacterianos de poluição

O exame bacteriológico da água é um instrumento poderoso e fundamental para excluir a presença de microrganismos que possam constituir um perigo para a saúde (Bonde, 1977).

Os coliformes totais são bactérias gram-negativas, não formadoras de esporos, em forma de bastonete, capazes de crescer na presença de sais biliares ou de outros agentes tensioactivos com propriedades inibidoras de crescimento semelhantes, oxidativas-negativas, que fermentam a lactose a 35-37° C com a produção de ácido, gás e aldeído em 24-48 horas. Pertencem aos géneros Escherichia, Citrobacter, Enterobacter e Klebsiella (Gleeson e Gray, 1997). Os coliformes totais têm sido utilizados como indicadores durante muitos anos na avaliação da qualidade da água para várias utilizações da água no que respeita aos resíduos domésticos (Kashefipour, et al., 2002, Hughes e Thompson, 2003). Em 1986, a Agência de Proteção Ambiental dos

Estados Unidos (USEPA) recomendou que o coliforme fecal deixasse de ser utilizado como indicador da saúde bacteriana da água. Com base em estudos efectuados pela USEPA, foi recomendado que os Estados utilizassem E. coli ou Enterococos como critérios indicadores bacterianos em águas doces e utilizassem apenas Enterococos em águas marinhas (Hicks, 2002).

Os clostrídios redutores de sulfito são organismos anaeróbios obrigatórios, formadores de esporos, dos quais o mais caraterístico, Clostridium perfringens, está normalmente presente nas fezes (embora em muito menor número do que a Escherichia coli). Os esporos podem sobreviver na água durante um período muito longo e são bastante resistentes à desinfeção. Como o Clostridium perfringens é específico das fezes, ao contrário dos outros clostrídios redutores de sulfito, é o parâmetro preferido. No entanto, os clostrídios não são recomendados devido ao seu longo período de sobrevivência (podem ser detectados muito tempo depois e a partir do ponto de poluição), o que leva a possíveis falsos alarmes (Gleeson e Gray, 1997).

Segundo Oyedemi (2004), os peritos médicos associaram algumas doenças às actividades dos matadouros, incluindo pneumonia, diarreia, febre tifoide, asma, doenças dos classificadores de lã, doenças respiratórias e do peito. A fonte de infeção por Escherichia coli foi referida como sendo a carne de bovino mal cozinhada que foi contaminada, frequentemente em matadouros, com fezes contendo a bactéria.

2.4. Impacto dos efluentes na saúde

O impacto dos efluentes na saúde varia consoante a localização e o tipo de contaminante; no entanto, as bactérias e as infestações por vermes intestinais têm demonstrado representar o maior risco (Drechsel et al, 2010). Em todo o mundo, as doenças transmitidas pela água estão entre as principais causas de morte de crianças com menos de cinco anos de idade e, anualmente, morrem mais pessoas devido a água não segura do que devido a todas as formas de violência, incluindo a guerra (OMS, 2004). Todos os anos, cerca de 1,8 milhões de pessoas morrem de doenças diarreicas, 88% das quais são atribuídas a um abastecimento de água não seguro ou a um saneamento e higiene inadequados (OMS, 2004b). Mas a morbilidade diarreica parece estar a aumentar, uma vez que todos os anos as crianças dos países em desenvolvimento sofrem de 4 a 5 episódios debilitantes de diarreia (UNICEF, 2006).

Concentrações elevadas de nutrientes podem representar riscos graves para a saúde humana. Os potenciais efeitos dos nitratos na saúde são numerosos e incluem a meta-hemoglobinemia, também designada por cianose infantil ou síndrome do bebé azul (Akinbile, 2006; Harte et al., 1991). Trata-se de uma doença sanguínea grave em que os nitratos são absorvidos pela corrente sanguínea e convertem a hemoglobina transportadora de oxigénio em meta-hemoglobina. A capacidade de transporte de oxigénio da hemoglobina é bloqueada pelos nitritos (causados pela conversão de nitratos no estômago), levando à privação de oxigénio e à asfixia. Os bebés são especialmente susceptíveis porque os seus estômagos convertem facilmente os nitratos em nitritos. Níveis elevados de nutrientes como os nitratos também têm sido associados ao cancro do estômago e a resultados reprodutivos negativos de cancros, compostos orgânicos sintéticos para produzir compostos N-Nitroso no estômago humano.

Muitos destes compostos são carcinogénicos para os seres humanos (IARC, 1978), e uma grande quantidade de literatura sugere que níveis elevados de nitratos na água potável podem aumentar os riscos de cancro (Mirvish 1983, Mirvish 1991). Além disso, algumas evidências científicas sugerem que a ingestão de nitritos e nitratos pode resultar em mutagenicidade, teratogenicidade e defeitos congénitos, contribuir para os riscos de linfoma não-Hodgkin e cancros da bexiga e dos ovários, desempenhar um papel na etiologia da diabetes mellitus dependente da insulina e no desenvolvimento de hipertrofia da tiroide, ou causar abortos espontâneos e infecções do trato respiratório. Podem ocorrer riscos indirectos para a saúde como consequência das toxinas das algas, causando náuseas, vómitos, diarreia, pneumonia, gastroenterite, hepatoenterite, cãibras musculares e várias síndromes de envenenamento (Camargo et al., 2005b).

Outros estudos indicaram uma possível ligação entre a exposição a nitritos, nitratos e compostos N-Nitroso e defeitos congénitos. Os efeitos da exposição foram observados pela primeira vez em estudos com animais, mas desde então têm sido observados em estudos epidemiológicos humanos (Ward et al., 2005).

Os metais, como o mercúrio, o cobre e o zinco, encontram-se naturalmente no ambiente; em baixas concentrações, são essenciais para o ecossistema e para a saúde humana. No entanto, a exposição prolongada ou a exposição a níveis elevados pode ter consequências graves para os seres humanos, uma vez que estes metais tendem a bioacumular-se nos tecidos (UNEP GEMS, 2007). As actividades humanas, em especial o aumento dos processos mineiros e industriais desde o século XIX, aumentaram a concentração de metais no ambiente (Carr e Neary, 2008). Por exemplo, o mercúrio, que é em grande parte um subproduto da combustão de combustíveis, da extração mineira e da incineração de resíduos (Pacyna et al., 2006), é altamente tóxico. Uma vez que os peixes podem acumular metais, podem conter elevadas concentrações de mercúrio e expor as pessoas a concentrações por vezes dezenas de milhares de vezes superiores às encontradas na fonte de água, representando uma séria ameaça para a saúde humana (OMS, 2005). O consumo de metil-mercúrio, especialmente por crianças pequenas e mulheres grávidas, pode provocar danos neurológicos e de desenvolvimento. Nos adultos, tem sido associado a doenças coronárias (Mozaffarian e Rimm, 2006). O mercúrio inorgânico também apresenta uma série de efeitos agudos e crónicos para a saúde, sendo que a exposição oral a longo prazo a baixas quantidades pode levar a danos renais e efeitos imunológicos (OMS, 2003b).

2.5. Legislação e normas sobre a qualidade da água na Nigéria

Tal como todos os recursos escassos que têm regulamentos que orientam a sua exploração, propriedade, preservação e sustento, a água, em todo o mundo, é protegida por um conjunto de leis, políticas e regulamentos com o objetivo de evitar abusos (FGN, 2000).

No entanto, não se pode legislar eficazmente sem uma verificação prévia da qualidade das fontes de água. Isto implica identificar os poluentes comuns, as causas, os efeitos e as medidas de mitigação. São os dados obtidos a partir das avaliações da qualidade da água que conduzem às normas de qualidade da água e, em última análise, às legislações e regulamentações (Chapman, 1992). A maioria dos países em desenvolvimento há muito que estabeleceu leis e estruturas governamentais formais para resolver os seus graves problemas ambientais, mas poucos foram bem sucedidos na resolução desses problemas (Bell, 2002).

As principais leis sobre o ambiente na Nigéria são: a Lei da Agência Nacional de Execução das Normas e Regulamentos Ambientais de 2007 (Lei NESREA); a Lei da Avaliação do Impacto Ambiental (AIA); e a Lei da Agência Nacional de Deteção e Resposta a Derrames de Petróleo de 2005 (Lei NOSDRA). A Lei NESREA revogou a Agência Federal de Proteção do Ambiente (Lei FMEnv) e criou a Agência Nacional de Aplicação das Normas e Regulamentos Ambientais (NESREA).

As normas e regulamentos relativos à qualidade da água variam entre os diferentes países, mas todos têm o objetivo comum de reduzir ou eliminar a poluição (Owoli, 2003). Para este fim, diferentes países e regiões do mundo adoptaram normas adequadas. Estas incluem a norma da Organização Mundial de Saúde (OMS), os limites da Comunidade Europeia (CE), os limites dos Estados Unidos da América (EUA) e, claro, os limites da Nigéria, tal como especificado no Ministério Federal do Ambiente (FMEnv).

O FMEnv foi mandatado para colaborar com outras agências relevantes na elaboração de regulamentos com o objetivo de proteger a saúde pública ou o bem-estar e melhorar a qualidade da água. Analisa as limitações de efluentes para fontes pontuais existentes que exigem a aplicação das melhores práticas de gestão (FGN, 2007).

2.5.1 Limitações de efluentes pelo Ministério Federal do Ambiente, Nigéria

Tabela 1: Limite máximo de efluentes pelo Ministério Federal do Ambiente

Variables	Discharge to surface Water	Land Application
Temperature	< 40 °C within 15 m of outfall	< 40°C
Colour (Lovibond Units)	7	-
pH units	6-9	6-9
BOD_5 at 20 °C	50	500
Total suspended solids	30	-
Total dissolved solids	2,000	2,000
Chloride (as Cl^-)	600	600
Sulphate (as SO_4^{2-})	500	1,000
Sulphide (as S^{-2})	0.2	-
Cyanide (as CN^-)	0.1	-
Detergents	15	15
Oil and grease	10	30
Nitrate (as NO_2^-) NO3	20	-
Phosphate (as PO_4^{3-})	5	10
Arsenic (as As)	0.1	-
Barium (as Ba)	5	5
Tin (as Sn)	10	10
Iron (as Fe)	20	-
Manganese (as Mn)	5	-
Phenolic compounds (as phenol)	0.2	-
Cadmium, Cd	< 1	-
Chromium (trivalent and hexavalent)	< 1	-
Copper	< 1	-
Lead	< 1	-
Mercury	0.05	-
Nickel	< 1	-
Selenium	< 1	-
Silver	0.1	-
Zinc	< 1	-
Total metals	3	-
Calcium (as Ca^{2+})	200	-
Magnesium (as Mg^{2-})	200	-
Boron (as B)	5	5
Alkyl mercury compounds	Not detectable	Not detectable

Polychlorinated biphenyls (PCBs)	0.003	0.003
Pesticides (Total)	< 0.01	< 0.01
Alpha emitters (μ Cml^{-1})	10-7	-
Beta emitters (μ C ml^{-1})	10-6	-
Coliforms (daily average MPN/100 ml)	400	500
Suspended fibre	-	-

- Não aplicável ou nenhum definido

Fonte: FEPA, 1991

CAPÍTULO 3
MATERIAIS E MÉTODOS

3.1. Materiais

3.1.1. Descrição da área de amostragem

O estudo foi realizado na cidade de Katsina-Ala, no Estado de Benue, no Centro-Norte da Nigéria, que se situa a uma latitude de 7° 10' 0' Norte e a uma longitude de 9° 17' 0' Este (Google links, 2010). O matadouro de Katsina -Ala situa-se na margem do rio Katsina-ala, cerca de 1,4 km a norte da cabeceira da ponte. As amostras de água foram recolhidas entre novembro e março, na estação seca, e entre abril e outubro, na estação das chuvas.

3.1.2. Seleção de locais experimentais

O trabalho experimental foi dividido em amostragem de campo e experiências de laboratório, durante duas estações (chuvosa e seca). Foram selecionados cinco locais experimentais. Local1: (100m) a montante do ponto de entrada do efluente no rio (placa 1); Local 2: (50m) a montante do ponto de entrada do efluente no rio (placa 2). Local 3 (0m): é o ponto de descarga dos efluentes do matadouro no rio (placa 4). Local 4: (50 m) a jusante do ponto em que o efluente entra no rio (placa 5) e local 5 (100 m) a jusante do ponto em que o efluente entra no rio (placa 6)

3.1.3. Recolha de amostras

Os objectos de vidro e os plásticos foram mergulhados em ácido HNO3 0,1M durante uma noite e lavados com um detergente sem fosfatos, enxaguados com água da torneira e, finalmente, com água desionizada. Os instrumentos de medição no terreno foram completamente calibrados antes da amostragem.

Os contentores de amostras foram devidamente etiquetados. Foram recolhidas cinco amostras de água em cinco estações designadas S1 a S5 ao longo do rio. Os frascos de amostras foram lavados três vezes com água de amostragem antes da recolha das amostras. Todas as amostras foram colhidas entre as 6.00 e as 9.00 horas da manhã, na hora de pico das actividades no matadouro. Em média, eram abatidos 10 bovinos por dia.

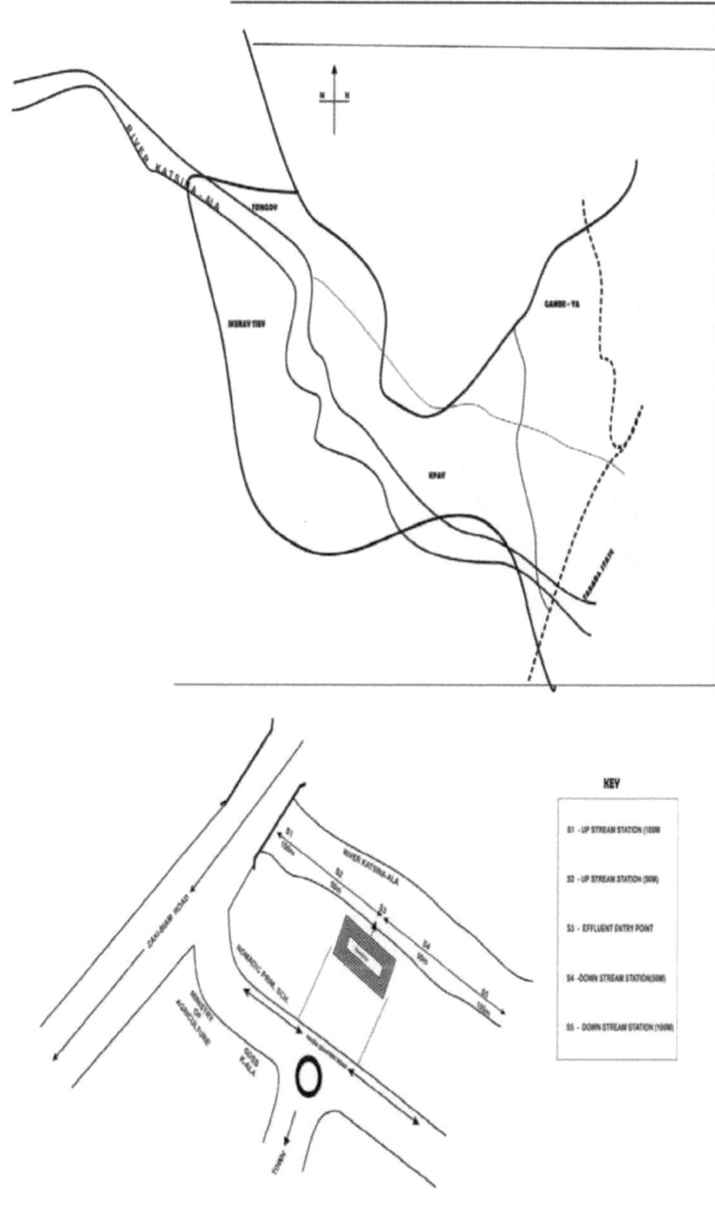

MAP OF KATSINA-ALA LOCAL GOVERNMENT AREA SHOWING LOCATION OF ABATTOIR

3.2. Métodos

3.2.1. Determinação da temperatura

O termómetro cheio de mercúrio foi imerso na amostra de água (in-situ) e a leitura registada para as três réplicas (APHA, AWWA & WEF, 2005).

3.2.3. Determinação dopH

O medidor de pH da empresa HANNA foi ligado e a sonda imersa nas amostras de água (in-situ). A leitura exibida foi registada.

3.2.4. Determinação da cor

Foi utilizado um espetrofotómetro de leitura direta (DR/2000) da empresa HACH. Introduziu-se o número de programa (120) para a cor e ajustou-se o comprimento de onda para 455 nm, sendo apresentada a unidade Pt/Co para a cor. Um branco de 25 ml de água desionizada foi medido na célula de amostra e colocado no suporte da célula. Fecha-se a proteção contra a luz. Pressionou-se a tecla zero e a leitura indicou 0,00 unidade de cor Pt/Co. Em seguida, retirou-se o branco, mediu-se 25 ml de amostra de água utilizando o frasco da célula de amostra e colocou-se no escudo de luz, fechando-se em seguida. Pressionou-se a tecla Enter e registou-se a leitura de 0,00 Pt/cor Co. Este procedimento foi repetido para três réplicas (HACH, 1997)

3.2.5. Determinação da Turbidez

Foi utilizado um espetrofotómetro de leitura direta (DR/2000) da empresa HACH. Introduziu-se o número de programa (750) para a turvação e ajustou-se o comprimento de onda para 450 nm, sendo apresentada a unidade NTU. Mediu-se um branco de 25 ml de água desionizada na célula de amostra e colocou-se no suporte da célula. A proteção contra a luz foi fechada. A tecla zero foi premida e a leitura apresentou 0,00 unidades NTU. O branco foi então removido, 25 ml de amostra de água foram medidos usando o frasco da célula de amostra e colocados no escudo de luz e depois fechados. Premir a tecla Enter e registar a leitura em unidades NTU. Este procedimento foi repetido para três réplicas (HACH, 1997).

3.2.6. Determinação dos sólidos suspensos totais

Foi utilizado um espetrofotómetro de leitura direta (DR/2000) da empresa HACH. Introduziu-se o número de programa (630) para os sólidos em suspensão e ajustou-se o comprimento de onda para 810 nm, sendo indicado o valor em mg/l. Mediu-se um branco de 25 ml de água desionizada na célula de amostra e colocou-se no suporte da célula. A proteção contra a luz foi fechada. Premir a tecla zero e visualizar 0,00 mg/l. O branco foi então removido, 25 ml de amostra de água foram medidos usando a garrafa da célula de amostra e colocados no escudo de luz e depois fechados. Premir a tecla Enter e registar a leitura em mg/l. Este procedimento foi repetido para três réplicas (HACH, 1997).

3.2.7. Determinação dos sólidos totais dissolvidos

O medidor de sólidos dissolvidos totais (modelo 50150 da HACH Company) Diret Reading Spectrophotometer (DR/2000) foi ligado e a sonda imersa em água destilada e agitada. A leitura indicou 0,00mg/l. A sonda foi retirada e depois imersa na amostra de água, registando-se o resultado. Este procedimento foi repetido para três réplicas (HACH, 1997).

3.2.8. Determinação dos sólidos totais

Sólidos totais (TS) calculados pela adição dos sólidos suspensos (TSS) e dos sólidos totais dissolvidos (TDS).

3.2.9. Determinação da dureza total

Foi utilizado o kit de teste de dureza modelo HA-4P-MG-L. Mediu-se 5 ml de amostra de água com uma pipeta e verteu-se para um erlenmeyer de 250 ml. Adicionaram-se 3 gotas de tampão de dureza (NH_3 + NH_4Cl) e agitou-se para misturar. Adicionou-se uma gota de solução indicadora de dureza ManVer. Titulou-se o ácido etileno diamino tetra-acético (EDTA) contra a mistura até a cor mudar de rosa para azul (HACH, 1997). A dureza em mg/l foi calculada multiplicando o número de gotas adicionadas por um fator de 20

3.2.10. Determinação da dureza cálcica

Encheu-se o tubo de plástico com a amostra de água e verteu-se o conteúdo para um erlenmeyer de 259 ml. Foram adicionadas 2 gotas de solução de hidróxido de potássio 8M. Adicionou-se 1 almofada de pó indicador de cálcio Calver 2 e titulou-se com EDTA até a cor mudar para azul (HACH, 1997). A dureza cálcica em mg/l foi calculada como sendo igual ao número de EDTA adicionado multiplicado por 20

3.2.11. Determinação da dureza do magnésio

A dureza do magnésio foi calculada subtraindo o valor da dureza do cálcio do valor da dureza total

3.2.12. Determinação do ferro

Utilizou-se o método da almofada de pó FerrroVer. Introduziu-se o número de programa (265) para o ferro, ajustou-se o comprimento de onda para 510 nm e visualizou-se o valor em mg/l. Mediu-se um branco de 25 ml de água desionizada na célula de amostra e colocou-se no suporte da célula. Fechar a proteção contra a luz. Premir a tecla zero e visualizar 0,00 mg/l. O branco foi então removido, 25 ml de amostra de água foram medidos usando o frasco da célula de amostra e colocados no escudo de luz e depois fechados. Premir a tecla Enter e registar a leitura em mg/l. Este procedimento foi repetido para três réplicas (HACH, 1997).

3.2.13. Determinação do zinco

Introduziu-se o número de programa (790) para o zinco, ajustou-se o comprimento de onda para 620 nm e visualizou-se a unidade ppm Zn. Um copo de plástico de 30 ml de água desionizada foi introduzido na célula de amostragem e colocado no suporte da célula. A proteção contra a luz foi fechada. Premir a tecla zero e visualizar 0,00 mg/l. Em seguida, retirou-se o branco, mediu-se 25 ml de amostra de água com o frasco da célula de amostra e colocou-se no protetor de luz, fechando-se em seguida. Premir a tecla Enter e registar a leitura em mg/l. Este procedimento foi repetido para três réplicas (HACH, 1997).

3.2.14. Determinação do crómio

Adoptou-se o método da 1,5 - difenilcarbohidrazida. Introduziu-se o número de programa (90) para o crómio, ajustou-se o comprimento de onda para 540 nm e visualizou-se o valor em mg/l. Mediu-se um branco de 25 ml de água desionizada na célula de amostra e colocou-se no suporte da célula. Fecha-se a proteção contra a luz. Premir a tecla zero e visualizar 0,00 mg/l. O branco foi então removido, 25 ml de amostra de água foram medidos usando a garrafa da célula de amostra e colocados no escudo de luz e depois fechados. Premir a tecla Enter e registar a leitura em mg/l. Este procedimento foi repetido para três réplicas (HACH, 1997).

3.2.15. Determinação do sulfato

Foi adotado o método sulfaver 4 (almofada de pó). Introduziu-se o número de programa (580) para os sólidos em suspensão, ajustou-se o comprimento de onda para 450 nm e visualizou-se o valor em mg/l. Mediu-se um branco de 25 ml de água desionizada na célula de amostragem e colocou-se no suporte da célula. Fecha-se a proteção contra a luz. Premir a tecla zero e visualizar 0,00 mg/l. Em seguida, retirou-se o branco, mediu-se 25 ml de amostra de água utilizando o frasco da célula de amostra e adicionou-se uma gota de almofada de nitrato de sulfaver 5 em pó, deixando-se repousar durante cinco minutos de reação, após o que se colocou no suporte da célula. Premir a tecla Enter e registar a leitura em mg/l. Este procedimento foi repetido para três réplicas (HACH, 1997).

3.2.16. Determinação do nitrato

Foi adotado o método sulfaver 4 (almofada de pó). Introduziu-se o número de programa (355) para os sólidos em suspensão, ajustou-se o comprimento de onda para 500 nm e visualizou-se o valor em mg/l. Mediu-se um branco de 25 ml de água desionizada na célula de amostragem e colocou-se no suporte da célula. A proteção contra a luz foi fechada. Premir a tecla zero e visualizar 0,00 mg/l. Em seguida, retirou-se o branco, mediu-se 25 ml de amostra de água utilizando o frasco da célula de amostra e adicionou-se uma gota de almofada de nitrato em pó NitriVer 5, deixando-se repousar durante um minuto de reação, após o que se colocou no suporte da célula. Premir a tecla Enter e registar a leitura em mg/l. Este procedimento foi repetido para três réplicas (HACH, 1997).

3.2.17. Determinação de fosfato

Foi utilizado o método PhosVer 3. Introduziu-se o número de programa (490) para os sólidos em suspensão, ajustou-se o comprimento de onda para 890 nm e visualizou-se o valor em mg/l. Mediu-se um branco de 25 ml de água desionizada na célula de amostragem, que foi colocada no suporte da célula e fechada. Premir a tecla zero e visualizar 0,00 mg/l. Em seguida, retirou-se o branco, mediu-se 25 ml de amostra de água e adicionou-se uma almofada de fosfato em pó PhosVer 3, deixando-se reagir durante um minuto, após o que se colocou no suporte da célula. Premir a tecla Enter e registar a leitura em mg/l. Este procedimento foi repetido para três réplicas (HACH, 1997).

3.2.18. Determinação de cloreto

Introduziu-se o número de programa (70) para o cloreto, ajustou-se o comprimento de onda para 455 nm e visualizou-se o valor em mg/l. Mediu-se um branco de 25 ml de água desionizada na célula de amostra e colocou-se no suporte da célula. A proteção contra a luz foi fechada. Premir a tecla zero e visualizar 0,00 mg/l. Em seguida, retirou-se o branco, mediu-se 25 ml de amostra de água utilizando o frasco da célula de amostra e misturou-se 2,0 ml de solução de tiocianato de mercúrio com 1 ml de solução de ião férrico, deixando-se reagir durante dois minutos e, em seguida, colocou-se no suporte da célula. Premir a tecla Enter e registar a leitura em mg/l. Este procedimento foi repetido para três réplicas (HACH, 1997).

3.2.19. Determinação do oxigénio dissolvido

Foi utilizado o medidor de oxigénio dissolvido (Modelo 9071 HACH Company). A sonda foi imersa em água destilada e o valor foi ajustado para leitura zero. A leitura indicava 0,00mg/l. A sonda foi retirada e depois imersa na amostra de água, sendo o resultado registado. Este procedimento foi repetido para três réplicas (HACH, 1997).

3.2.20. Determinação da carência bioquímica de oxigénio (CBO5)

A CBO5 foi calculada após incubação de 5 ml de amostra no escuro durante cinco dias a 20° C numa incubadora (Delzer e McKenzie, 2003).

$$BOD_5 = \text{Final DO}_{2(5)} - \text{initial DO}_{2(0)} \quad \text{.......equation 1}$$

3.2.21. Determinação da carência química de oxigénio (CQO)

Introduziu-se o número de programa (432) para a CQO, ajustou-se o comprimento de onda para 512 nm e visualizou-se 0,00 mg/l. Mediu-se um branco de 25 ml de água desionizada na célula de amostragem e colocou-se no suporte da célula. A proteção contra a luz foi fechada. Premir a tecla zero e visualizar 0,00 mg/l. Mediu-se 25 ml de amostra de água utilizando o frasco da célula de amostra e misturou-se 2,0 ml de solução de manganês (iii), deixando-se reagir durante dois minutos, após o que se colocou no suporte da célula. Pressionou-se a tecla Enter e registou-se a leitura em mg/l. Este procedimento foi repetido para três réplicas (HACH, 1997).

3.2.22. Determinação do manganês

Introduziu-se o número de programa (295) para o manganês e ajustou-se o comprimento de onda para 525 nm. Mediu-se um branco de 25 ml de água desionizada na célula de amostra e colocou-se no suporte da célula. A proteção contra a luz foi fechada. Premir a tecla zero e visualizar 0,00 mg/l. Mediu-se 25 ml de amostra de água com o frasco da célula de amostra e colocou-se no protetor de luz, fechando-se em seguida. Premir a tecla Enter e registar a leitura em mg/l. Este procedimento foi repetido para três réplicas (HACH, 1997).

3.2.23. Determinação do cobre

Introduziu-se o número de programa (145) para o cobre e ajustou-se o comprimento de onda para 425 nm. Mediu-se um branco de 25 ml de água desionizada na célula de amostra e colocou-se no suporte da célula. Fechar a proteção contra a luz. Premir a tecla zero e visualizar 0,00 mg/l. O branco foi então removido, 25 ml de amostra de água foram medidos usando a garrafa da célula de amostra e colocados no escudo de luz e depois fechados. Premir a tecla Enter e registar a leitura em mg/l. Este procedimento foi repetido para três réplicas (HACH, 1997).

3.2.24. Determinação do chumbo

Introduziu-se o número de programa (283) para o chumbo e ajustou-se o comprimento de onda para 477 nm. Mediu-se um branco de 25 ml de água desionizada na célula de amostra e colocou-se no suporte da célula. Fechar a proteção contra a luz. Premir a tecla zero e visualizar 0,00 mg/l. O branco foi então removido, 25 ml de amostra de água foram medidos usando a garrafa da célula de amostra e colocados no escudo de luz e depois fechados. Premir a tecla Enter e registar a leitura em mg/l. Este procedimento foi repetido para três réplicas (HACH, 1997).

3.2.25. Determinação do cádmio

Introduziu-se o número de programa (60) para o cádmio e ajustou-se o comprimento de onda para 515 nm. Mediu-se um branco de 25 ml de água desionizada na célula de amostra e colocou-se no suporte da célula. A proteção contra a luz foi fechada. Premir a tecla zero e visualizar 0,00 mg/l. O branco foi então removido, 25 ml de amostra de água foram medidos usando a garrafa da célula de amostra e colocados no escudo de luz e depois fechados. Premir a tecla Enter e registar a leitura em mg/l. Este procedimento foi repetido para três réplicas (HACH, 1997).

3.3. Análise microbiológica para coliformes e estreptococos fecais

3.3.1. Método da placa de derramamento

Os utensílios de vidro foram lavados, enxaguados com água e esterilizados numa máquina de autoclave. Foi efectuada uma diluição em série (5 vezes) de cada amostra antes da inoculação. Os meios utilizados foram: Meio não seletivo (ágar nutriente), meio seletivo e diferencial (ágar MacConkey) para identificação de bactérias gramnegativas e ágar Cystine Lactose Deficient Electrolyte (CLED) para identificação de bactérias gram-negativas e gram-positivas. Um volume de 0,1 ml de amostra de cada estação foi cultivado no meio preparado e incubado aerobicamente a 36° C durante 24 horas. A identificação das bactérias foi baseada no Manual de Bacteriologia Determinativa de Bergey (Krieg e Holt, 1984). As bactérias gram-negativas identificadas (bactérias fermentadoras de lactose) foram Escherichia coli, Klebseilla spp; e as bactérias não fermentadoras de lactose Salmonella typhimurium e Proteus vulgaris, enquanto a bactéria gram-positiva identificada foi Enterococcus faecalis. As colónias formadas foram contadas por um contador de colónias. A média por diluição foi determinada e multiplicada pelo recíproco da razão de diluição e expressa como unidades formadoras de colónias por mililitro (CFU/ml) da amostra (Amadi e Ayogu, 2005).

3.4. Ferramentas estatísticas

Os dados foram recolhidos após análise experimental. A introdução, a análise e o tratamento dos dados foram efectuados através da aplicação do software Statistical Package for Social Scientist (SPSS) e do Microsoft Excel versão 2003. Para a análise dos dados quantitativos foram utilizadas técnicas de estatística descritiva, tais como valores médios, desvio padrão e erro padrão. Foi efectuada uma análise de variância (ANOVA) de uma via (Minitab, 1996). A análise de dados post hoc foi efectuada pelo Duncan New Multiple Range Test (DNMRT) para determinar as diferenças e semelhanças estatísticas entre as médias emparelhadas de cada parâmetro (Viv et al., 2004). O coeficiente de correlação foi utilizado para identificar a relação entre pares de parâmetros. As concentrações médias dos parâmetros relevantes foram comparadas com as diretrizes da Organização Mundial de Saúde (2004) e do Ministério Federal do Ambiente para limites uniformes provisórios de efluentes para todas as categorias de indústrias na Nigéria (FMEnv, 1991).

CAPÍTULO 4
RESULTADOS

4.1. Valores médios sazonais dos parâmetros físico-químicos

4.1.1. Valores médios sazonais de temperatura

A Figura 2 mostra a temperatura para as cinco estações na estação chuvosa que se estende de abril a outubro e na estação seca de novembro a março (ver apêndice 1). A temperatura variou entre 29,0° C na estação 2 e 30,0° C nas estações 4 e 5, com uma média de 29,6° C na estação das chuvas. Uma tendência constante de temperatura (30° C) foi observada nas estações 5 e 6. A Análise de Variância (ANOVA) mostra F (calculado) = 0,22 e F (tabulado) 3,68 com $P < 0,05$. Uma tendência constante na temperatura (31° C) foi registada nas estações (2, 4, e 5) na estação seca e 32° C na estação 1 com a média de 31.2° C. A temperatura para ambas as estações está dentro dos limites de efluentes padronizados pela FMEnv (1991) de < 40° C e Organização Mundial de Saúde (WHO, 2004) de 30 - 35° C. A Análise de Variância (ANOVA) mostra F (calculado) = 0,23 e F (tabulado) 3,68 com $P < 0,05$. Os resultados da análise de variância (ANOVA) mostram que não houve diferenças significativas ($P<0,05$) a 0,22 e 0,23 para as estações chuvosa e seca, respetivamente. A análise de dados post-hoc usando o Duncan New Range Multiple Test (DNRMT) revelou que não houve diferenças significativas entre as duas estações a montante (S1, S2) e as duas estações a jusante (S4, S5).

4.1.2. Valores médios sazonais de turbidez

A Figura 3 mostra a turbidez nas cinco estações na estação das chuvas e na estação seca. A turbidez variou entre 37 NTU e 152 NTU nas estações 5 e 3, respetivamente, com um valor médio de 64,6 NTU na estação das chuvas (ver apêndice 2). Os resultados da Análise de Variância (ANOVA) mostram que não foram observadas diferenças significativas entre as estações amostradas (F calculado = 0,0004 e F tabelado 3,68 a $P < 0,05$).

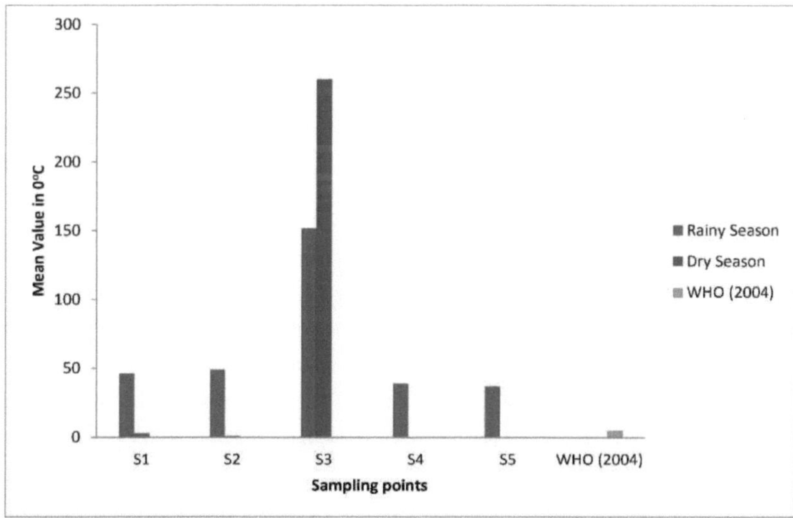

Figura 2: Variações sazonais da temperatura

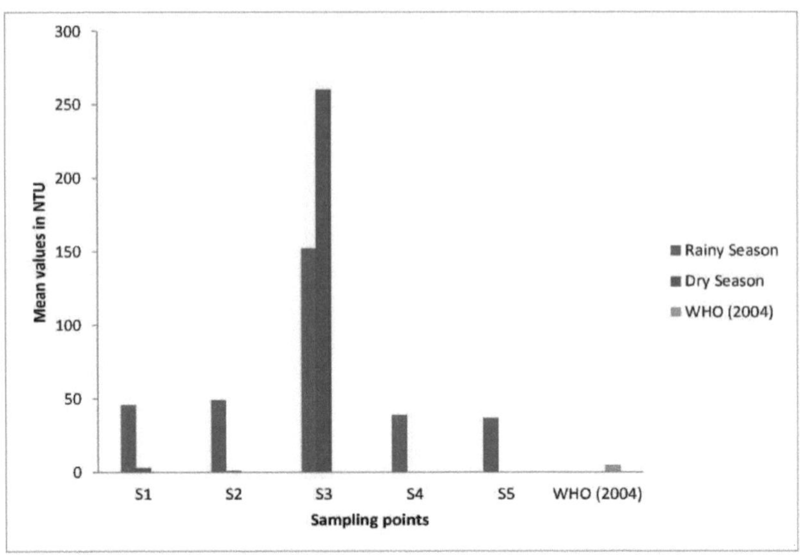

Figura 3: Variação sazonal da turbidez

Os valores de turbidez para a estação chuvosa estavam muito acima do limite máximo de efluentes para a descarga de turbidez em águas superficiais pela OMS (2004) e FMEnv (1991) de 5 NTU. Na estação seca, a turbidez variou de 3 NTU a 260 NTU nas estações 5 e 3, respetivamente, com um valor médio de 52,8 NTU. A análise de variância (ANOVA) mostra que não foram observadas diferenças significativas nos locais amostrados (F calculado = 0,0001 e F tabulado = 3,68 a $P < 0,05$). Os valores de turbidez para a estação seca nos dois locais a montante, S1, S2 e nas duas estações a jusante S4, S5 estavam dentro do limite máximo para a descarga de turbidez em águas superficiais pela OMS (2004) e FMEnv (1991) de 5 NTU. Os valores de turbidez de 260 NTU registados estavam acima do limite de turbidez permitido pela FMEnv (1991). Foram observadas variações sazonais na turbidez na estação das chuvas 64,6 + 49,1 NTU e na estação seca 52,8 + 115,8 NTU. O DNMRT revelou diferenças significativas na estação das chuvas. Não foram observadas diferenças significativas na estação seca.

4.1.3. Valores médios sazonais de cor

A Figura 4 mostra a cor das cinco estações na estação das chuvas e na estação seca. A cor variou entre 229 e 550, com uma média de 300,8 na estação das chuvas (ver apêndice 1). A análise de variância (ANOVA) não mostra diferenças significativas entre os locais (F calculado = 0,0003 e F tabelado 3,68 a $P < 0,05$). As cores registadas nos locais na estação chuvosa estavam muito acima do limite de cor de 7 da FMEnv (1991). Na estação seca não foram registadas alterações de cor nos locais 1, 2 e 5. A cor foi registada no local 3 (550) com um valor médio de 110,2. A análise de variância (ANOVA) não revela diferenças significativas (F calculado = 0,0001 e F tabelado = 3,68 a $P < 0,05$). O DNMRT não revelou significância nos locais de amostragem para ambas as estações. Variações sazonais na cor foram observadas na estação chuvosa 300,8 + 122,9 e na estação seca 110,2 + 245,8.

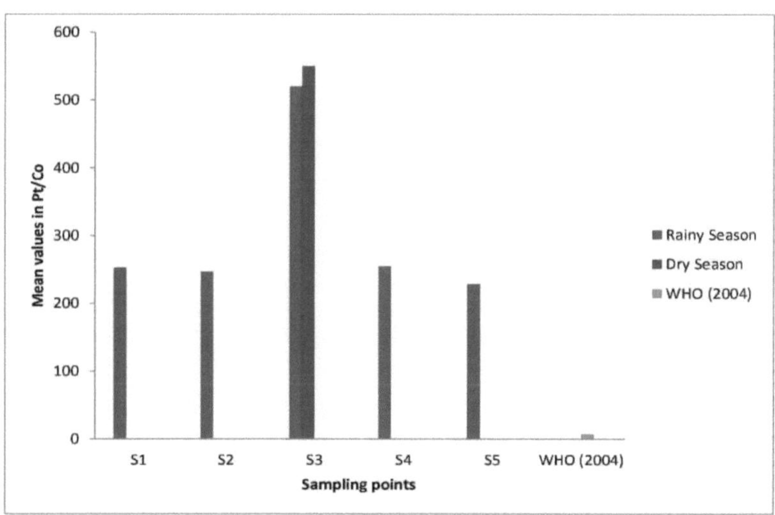

Figura 4: Variações sazonais da cor

4.1.4. Valores médios sazonais de sólidos suspensos totais

A Figura 5 mostra os Sólidos Suspensos Totais (SST) para as cinco estações na estação das chuvas e na estação seca. Os valores variaram entre 29 mg/l e 57mg/l para a estação 5 e a estação 3, respetivamente, com uma média de 37mg/l na estação das chuvas (ver apêndice 1). A análise de variância (ANOVA) mostra F (calculado) = 0,0002 e F (tabulado) 3,68 a $P < 0,05$. Da mesma forma, na estação seca, o TSS para as cinco estações variou de 0mg/l nas estações 1, 2 e 5 a 134mg/l na estação 3 com valor médio de 27,4 mg/l. Os SST foram mais elevados nos locais a jusante do que nos locais a montante em ambas as estações. Os resultados da análise de variância (ANOVA) mostram que não houve diferenças significativas nos locais de amostragem. O DNMRT não revelou qualquer significância nos locais de amostragem em ambas as estações. Foram observadas variações sazonais nos sólidos suspensos totais entre a estação das chuvas 37,0 + 11,57mg/l e a estação seca 27,4 + 59,6mg/l.

4.1.5. Valores médios sazonais dos sólidos totais dissolvidos

A Figura 6 mostra os Sólidos Totais Dissolvidos (TDS) para as cinco estações na estação das chuvas e na estação seca. O valor variou entre 22,4 mg/l na estação 1 e 44,8 mg/l na estação 3, com um valor médio de 34,9 mg/l na estação das chuvas (ver anexo 1). A análise de variância (ANOVA) mostra F (calculado) = 0,002 e F (tabulado) 3,68 com $P < 0,05$. Na estação seca, o TDS para as cinco estações variou de 15mg/l na estação 5 a 42,6 mg/l na estação 3 com valor médio de 20,4 mg/l. A análise de variância (ANOVA) mostra F (calculado) = 0,001 e F (tabulado) 3,68 a $P < 0,05$. O DNMRT não revelou significância nos locais de amostragem em ambas as estações. A variação sazonal dos sólidos totais dissolvidos foi observada entre a estação das chuvas 34,9 + 8,7mg/l e a estação seca 20,4 + 12,4mg/l.

4.1.6. Valores médios sazonais de sólidos totais

A figura 7 mostra os valores de sólidos totais (ST) para as cinco estações na estação das chuvas e na estação seca. O valor variou entre 53,4 mg/l na estação 1 e 101,8 mg/l na estação 3, com uma média de 71,9 mg/l na estação das chuvas (ver anexo 1). A análise de variância (ANOVA) mostra F (calculado) = 0,0004 e F (tabulado) 3,68 a P < 0,05. Na estação seca, os valores de TS para as cinco estações variaram de 12,8 na estação 1 a 176,6 mg/l na estação 3, com valor médio de 71,9mg/l. A análise de variância (ANOVA) mostra F (calculado) =

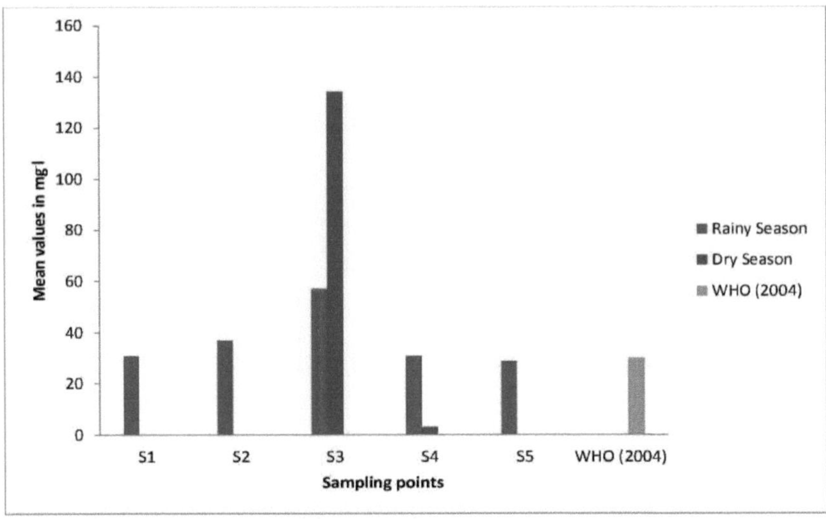

Figura 5: Variações sazonais do total de sólidos suspensos

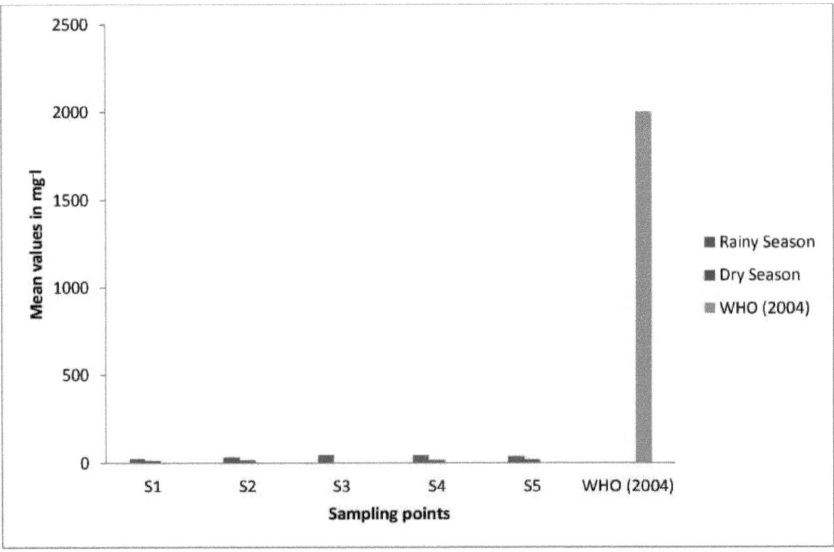

Figura 6: Variações sazonais dos sólidos totais dissolvidos

e F (tabelado) 3,68 a P < 0,05. O DNMRT revelou que não foram observadas diferenças significativas entre as estações em ambas as estações. Foram observadas variações sazonais nos sólidos totais entre a estação das chuvas 71,9 + 18,01mg/l e a estação seca 47,8 + 71,9mg/l

4.1.7. Valores médios sazonais de pH

A figura 8 mostra os valores da concentração de iões de hidrogénio (pH) para as cinco estações na estação das chuvas e na estação seca. O pH variou entre 6,6 na estação 3 e 6,8 nas estações 1, 2, 4 e 5, com uma média de 6,7 na estação das chuvas (ver anexo 1).

A análise de variância (ANOVA) mostra F (calculado) = 0,11 e F (tabulado) 3,68 a P < 0,05. Da mesma forma, o pH para as cinco estações na estação seca variou de 6,6 a 7,2 com média de 7,08. A análise de variância (ANOVA) mostra F (calculado) = 0,23 e F (tabulado) 3,68 a P < 0,05. O DNMRT não revelou significância nos locais de amostragem para ambas as estações. Foram observadas variações sazonais no pH entre a estação chuvosa 6,7 ± 0,08 e a estação seca 7,08 + 0,27.

4.1.8. Valores médios sazonais de dureza

A figura 9 mostra os valores de dureza para as cinco estações na estação das chuvas e na estação seca. A dureza variou entre 20mg/l nas estações 1, 2 e 5 e 80mg/l na estação 3, com uma média de 40,0mg/l na estação das chuvas (ver apêndice 1).

A análise de variância (ANOVA) mostra F (calculado) = 0,0002 e F (tabulado) 3,68 com P < 0,05. Na estação seca, os valores de dureza para as cinco estações variaram de 40mg/l nas estações 1, 2 e 5 a 80mg/l na estação 3, com valor médio de 40,0mg/l.

A dureza nos locais a montante e a jusante em ambas as estações estava dentro do limite máximo da OMS (2004) de 100-500mg/l. A análise de variância (ANOVA) mostra F (calculado) = 0,003 e F (tabulado) 3,68 com P < 0,05. O DNMRT não revelou significância nos locais de amostragem em ambas as estações. Foram observadas variações sazonais na dureza entre a estação das chuvas 40,0 + 24,4mg/l e a estação seca 48,0 + 10,9mg/l.

4.1.9. Valores médios sazonais de cálcio

A figura 10 mostra os valores de cálcio para as cinco estações na estação das chuvas e na estação seca. Os valores variaram entre 20mg/l nas estações 1, 2, 4 e 5 e 40 mg/l na estação 3, com uma média de 24,0mg/l na estação das chuvas (ver anexo 1). A análise de variância (ANOVA) mostra F (calculado) = 0,0004 e F (tabulado) 3,68 em

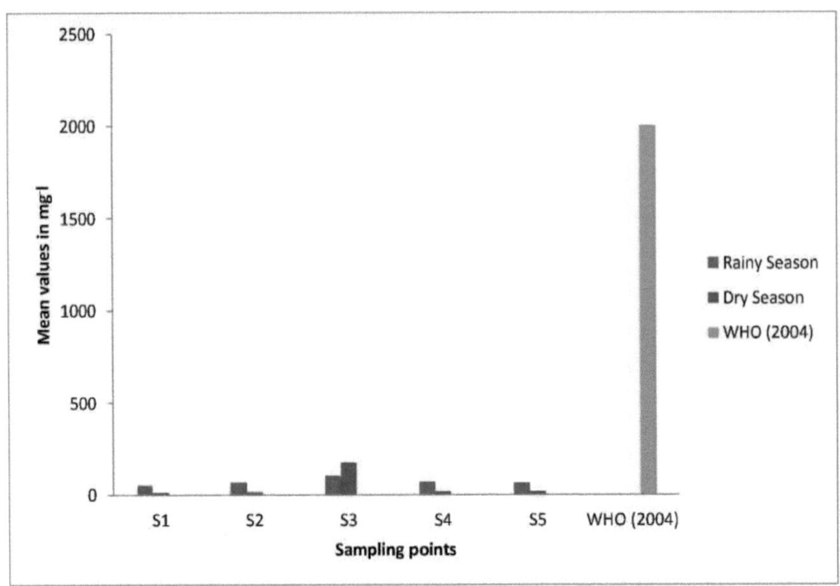

Figura 7: Variações sazonais dos sólidos totais

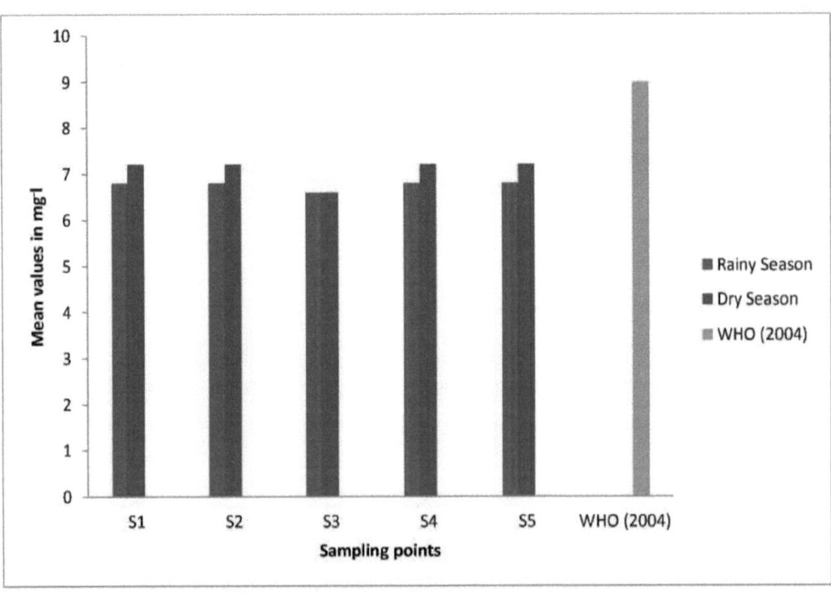

Figura 8: Variações sazonais do pH

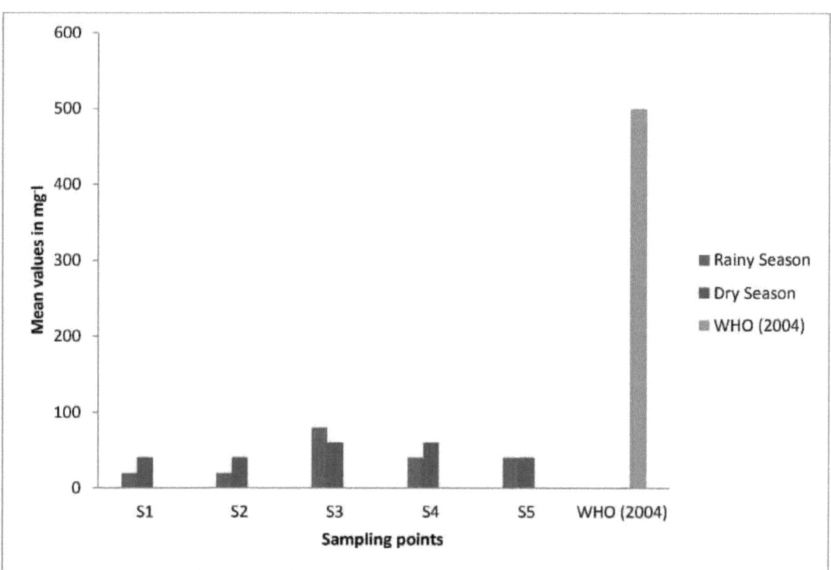

Figura 9: Variações sazonais da dureza

Na estação seca, os valores de cálcio nas cinco estações variaram entre 20mg/l nas estações 1, 2 e 5 e 40mg/l na estação 3, com uma média de 28,0 mg/l. O nível de cálcio nos locais a montante e a jusante estava dentro do limite máximo de 200mg/l estabelecido pela FMEnv (1991).

Os valores nos locais de abate estavam acima do valor estipulado. A análise de variância (ANOVA) mostra F (calculado) = 0,001 e F (tabelado) 3,68 a $P < 0,05$. O DNMRT não revelou diferenças significativas nos locais de amostragem em ambas as estações. Foram observadas variações sazonais no cálcio entre a estação das chuvas 24,0 $\pm$ 8,9mg/l e a estação seca 28,0 $\pm$ 10,9mg/l.

4.1.10. Valores médios sazonais de magnésio

A figura 11 mostra os valores de magnésio para as cinco estações na estação das chuvas e na estação seca. Os valores variaram entre 0mg/l nas estações 1 e 2 e 40mg/l na estação 3, com uma média de 20,0mg/l na estação das chuvas (ver apêndice 10). A análise de variância (ANOVA) mostra F (calculado) = 0,0004 e F (tabulado) 3,68 com $P < 0,05$. Da mesma forma, os valores de magnésio para as cinco estações na estação seca são de 20mg/l nas estações 1, 2, 4 e 5 a 20 mg/l. Os níveis de concentração de magnésio nos locais a montante e a jusante estavam dentro da norma FMEnv (1991) de 200mg/l. O DNMRT não revelou diferenças significativas nos locais de amostragem em ambas as estações. Foram observadas variações sazonais no magnésio entre a estação das chuvas 20,0 $\pm$ 20,0 mg/l e a estação seca 20,0 $\pm$ 0,03 mg/l.

4.1.11. Valores médios sazonais de cloro $(Cl)^-$

A Figura 12 mostra os valores de cloro para as cinco estações na estação das chuvas e na estação seca. Os valores variaram entre 36,4 mg/l na estação 1 e 54,8 mg/l na estação 3, com um valor médio de 51,43 mg/l na estação das chuvas (ver apêndice). A análise de variância (ANOVA) mostra F (calculado) = 0,003 e F (tabelado) 3,68 com P < 0,05. Na estação seca, o valor de cloro para as cinco estações variou de 28,4mg/l na estação 1 a 52,2mg/l na estação 3 com valor médio de 41,1 mg/l. As concentrações de cloro estavam dentro das diretrizes da FMEnv (1991) para a descarga de efluentes de 600mg/l.

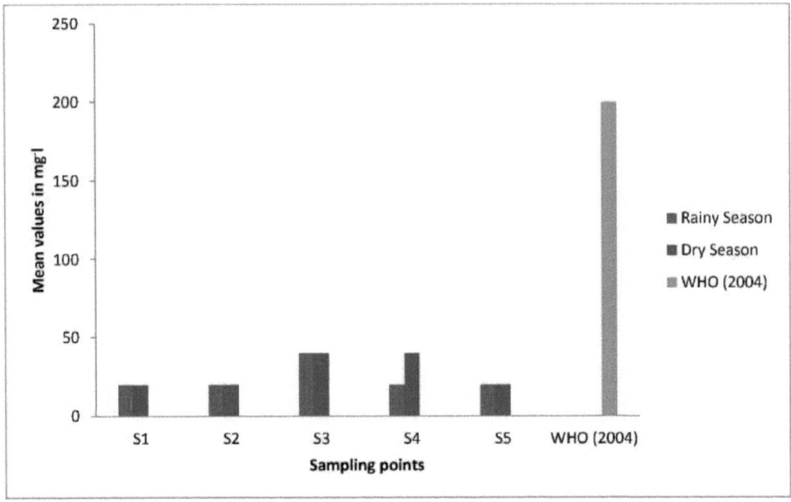

Figura 10: Variações sazonais do cálcio

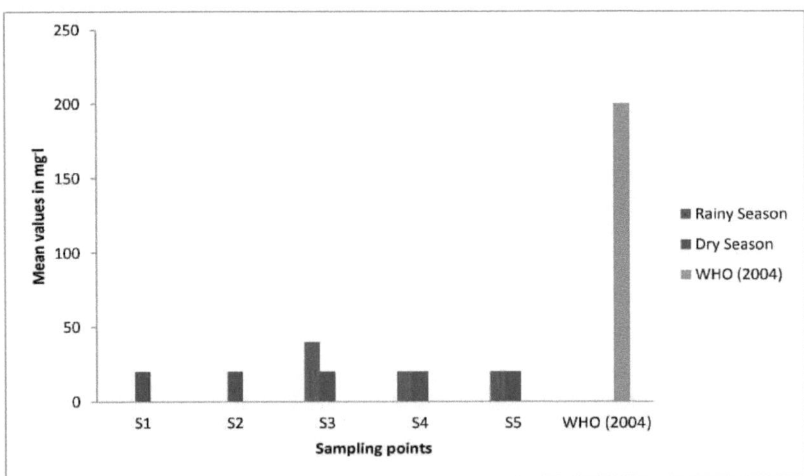

Figura 11: Variações sazonais do magnésio

A Análise de Variância (ANOVA) mostra F (calculado) = 0,005 e F (tabelado) 3,68 a P < 0,05.

O DNMRT revelou que não foram registadas diferenças significativas nos locais de amostragem em ambas as estações. Foram observadas variações sazonais no cloro entre a estação das chuvas 51,43 + 0,71 mg/l e a estação seca 41,1 + 5,9 mg/l.

4.1.12. Valores médios sazonais de nitrato $(NO3)^-$

A Figura 13 mostra os valores de nitrato ($NO3^-$) para as seis estações na estação das chuvas e na estação seca. Os valores variaram entre 40,8mg/l nas estações 1 e 56,4mg/l na estação 3, com um valor médio de 48,3mg/l na estação das chuvas (ver anexo 1). A análise de variância (ANOVA) mostra F (calculado) = 0,0005 e F (tabulado) 3,68 a P < 0,05. Na estação seca, os valores de nitrato ($NO3^-$) para as cinco estações variaram de 20,2mg/l na estação 1 a 54,8mg/l na estação 3, com valor médio de 38,5mg/l. O DNMRT não revelou qualquer significância nos locais de amostragem em ambas as estações. Foram observadas variações sazonais no nitrato entre a estação das chuvas 48 $\pm$ 5,5 mg/l e a estação seca 38,5 + 14,3 mg/l.

4.1.13. Valores médios sazonais de sulfato $(SO4)^{2-}$

A Figura 14 mostra os valores de sulfato ($SO4^2$) para as cinco estações na estação das chuvas e na estação seca. Os valores variaram entre 22mg/l nas estações 1 e 45mg/l na estação 3, com um valor médio de 34,2mg/l na estação das chuvas (ver anexo 1). A análise de variância (ANOVA) mostra F (calculado) = 0,003 e F (tabulado) 3,68 com P 2- < 0,05. Os valores de sulfato da estação seca ($SO4^2$) para as cinco estações variaram de 14mg/l nas estações 1 a 40mg/l nas estações 3 com média de 25,2mg/l. A análise de variância (ANOVA) mostra F (calculado) = 0,02 e F (tabulado) 3,68 com P < 0,05. O DNMRT revelou que não foram observadas diferenças significativas nos locais de amostragem em ambas as estações. Variações sazonais no sulfato foram observadas entre a estação chuvosa 34,2 + 8,6mg/l e a estação seca 25,2 + 9,4mg/l.

4.1.14. Valores médios sazonais de fosfato $(PO4)^{2-}$

A Figura 15 mostra os valores de fosfato ($PO4^2$) para as cinco estações na estação das chuvas e na estação seca. Os valores variaram entre 0,96mg/l nas estações 1 e 1,96mg/l na estação 3, com um valor médio de 1,3mg/l na estação das chuvas (ver anexo 1).

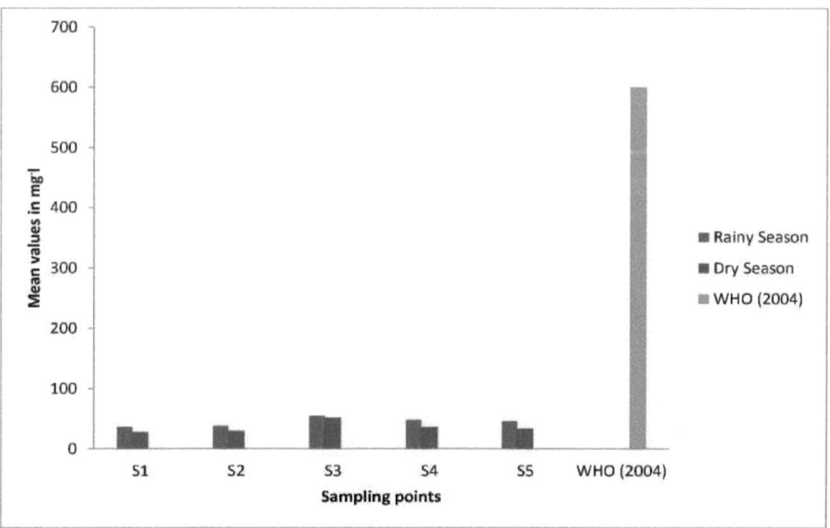

Figura 11: Variações sazonais da concentração de cloro

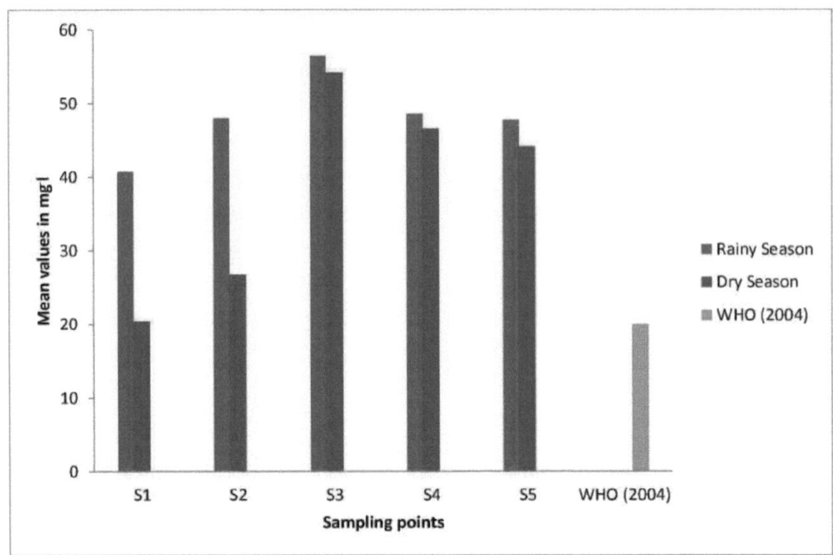

Figura 13: Variações sazonais da concentração de nitratos

A análise de variância (ANOVA) mostra F (calculado) = 0,003 e F (tabulado) 3,68 a P < 0,05. Na estação seca, os valores de fosfato para as cinco estações variaram de 0,63mg/l na estação 1 a 2,28mg/l na estação 3, com valor médio de 1,38mg/l. O DNMRT revelou que não foram observadas diferenças significativas nos locais de amostragem em ambas as estações. Foram observadas variações sazonais no fosfato entre a estação das chuvas 1,3 + 0,4 mg/l e a estação seca 1,2 + 0,5 mg/l.

4.1.15. Valores médios sazonais da carência de carbono e oxigénio (CQO)

A figura 16 mostra os valores da carência de carbono e oxigénio (COD) para as cinco estações na estação das chuvas e na estação seca. Os valores variaram entre 136mg/l nas estações 1 e 448mg/l na estação 3, com um valor médio de 249,7mg/l na estação das chuvas (ver anexo 1). A análise de variância (ANOVA) mostra F (calculado) = 0,0001 e F (tabulado) 3,68 a P < 0,05. Na estação seca, os valores da carência de oxigénio carbónico (COD) para as cinco estações variaram entre 116mg/l nas estações 1 e 436mg/l nas estações 3, com uma média de 210,0mg/l. A análise de variância (ANOVA) mostra F (calculado) = 0,004 e F (tabelado) 3,68 com P < 0,05. As concentrações médias de CQO em ambas as estações em todas as estações estavam acima do limite máximo de 80mg/l pela FMEnv (1991). O DNMRT revelou que não foram registadas diferenças significativas nos locais de amostragem em ambas as estações. Foram observadas variações sazonais na CQO entre a estação das chuvas 210,1 + 80,1 mg/l e a estação seca 181,6 + 83,4 mg/l

4.1.16. Valores médios sazonais de oxigénio dissolvido (DO)

A Figura 17 mostra os valores de oxigénio dissolvido (OD) para as cinco estações na estação das chuvas e na estação seca. Os valores variaram entre 5,9mg/l nas estações 3 e 6,3mg/l na estação 1, com um valor médio de 6,1mg/l na estação das chuvas (ver anexo 1).

A análise de variância (ANOVA) mostra F (calculado) = 0,02 e F (tabulado) 3,68 a P < 0,05. Na estação seca, os valores de oxigénio dissolvido (OD) variaram entre 5,1mg/l nas estações 3 e 5,3mg/l nas estações 1, com um valor médio de 5,1mg/l. A análise de variância (ANOVA) mostra F (calculado) = 0,05 e F (tabulado) 3,68 a P < 0,05.

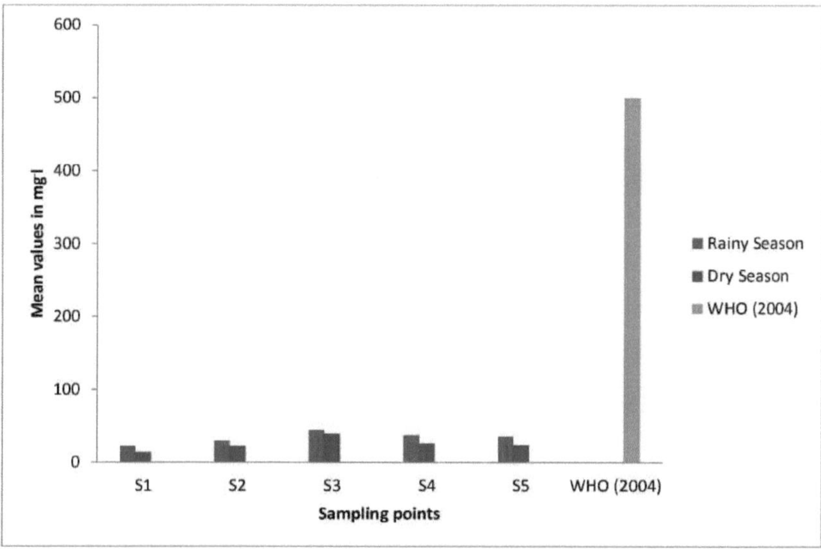

Figura 14: Variações sazonais da concentração de sulfato

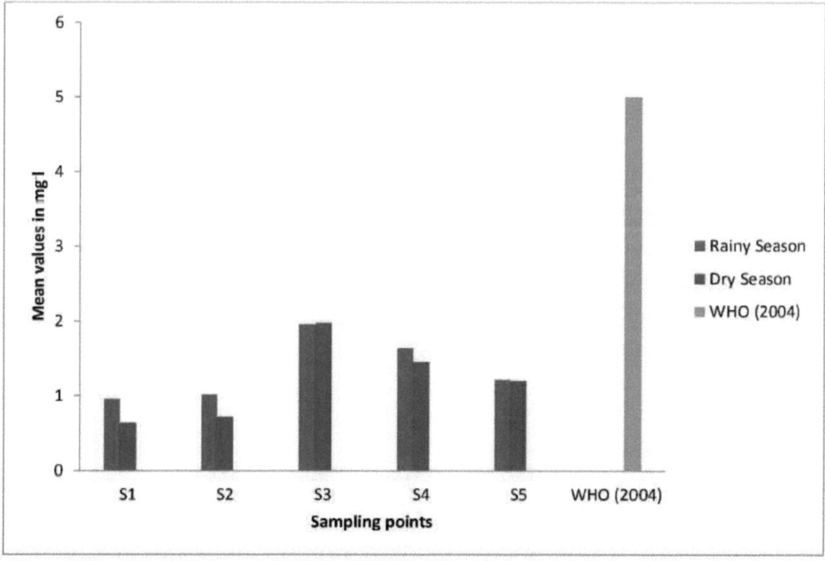

Figura 15: Variações sazonais da concentração de fosfato

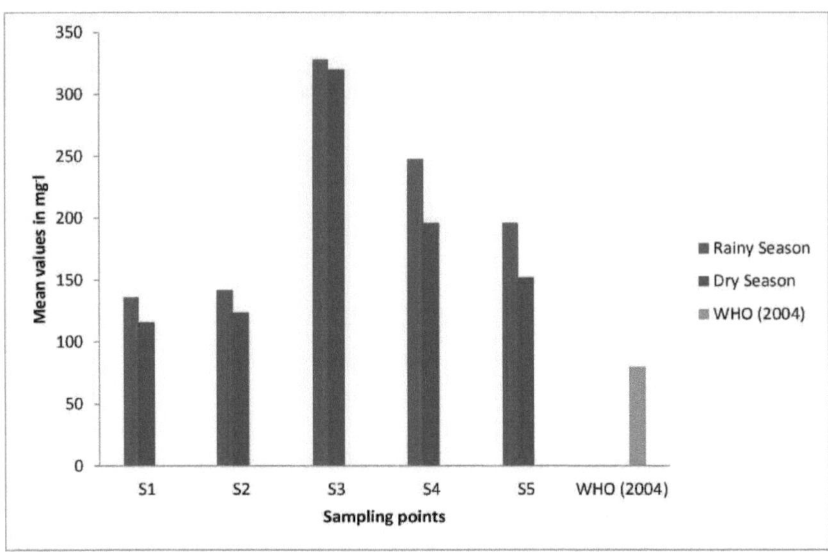

Figura 16: Variações sazonais da carência de carbono e oxigénio (CQO)

Os valores médios de DO estavam dentro do limite padrão de 5mg/l de acordo com a FMEnv (1991). O DNMRT revelou que não foram registadas diferenças significativas nos locais de amostragem em ambas as estações. Foram observadas variações sazonais no oxigénio dissolvido entre a estação das chuvas 6,1 + 0,14 mg/l e a estação seca 51,0 + 0,15mg/l.

4.1.17. Valores médios sazonais da carência bioquímica de oxigénio (CBO (5))

A figura 18 mostra os valores da carência bioquímica de oxigénio (CBO (5)) para as cinco estações na estação das chuvas e na estação seca. Os valores variaram entre 68mg/l nas estações 1 e 164mg/l na estação 3, com um valor médio de 124,8mg/l na estação das chuvas (ver anexo 1). A análise de variância (ANOVA) mostra F (calculado) = 0,003 e F (tabulado) 3,68 com $P < 0,05$. Na estação seca, os valores da carência bioquímica de oxigénio (CBO (5)) para as cinco estações variaram entre 58mg/l na estação 1 e 160mg/l na estação 3, com um valor médio de 90,8mg/l. A análise de variância (ANOVA) mostra F (calculado) = 0,001 e F (tabelado) 3,68 a $P < 0,05$. O DNMRT não revelou diferenças significativas nos locais de amostragem em ambas as estações. Foram observadas variações sazonais na CBO (5) entre a estação das chuvas 105,4 + 40,0 mg/l e a estação seca 90,8 + 41,7mg/l.

4.2. Valores médios sazonais de metais vestigiais e pesados

4.2.1. Valores médios sazonais de ferro

A figura 19 mostra os valores de ferro (Fe^{2+}) para as cinco estações na estação das chuvas e na estação seca. Os valores variaram entre 0,24mg/l nas estações 1 e 1,42mg/l na estação 3, com um valor médio de 0,52mg/l na estação das chuvas (ver anexo 2). A análise de variância (ANOVA) mostra F (calculado) = 0,01 e F (tabulado) 3,68 a $P < 0,05$. Os valores de ferro (Fe^{2+}) para as cinco estações na estação seca variaram de 0,18 mg/l nas estações 1 a 3,00mg/l nas estações 3 com valor médio de 1,62mg/l. As concentrações de ferro em ambas as estações estavam dentro do limite máximo de 20mg/l estabelecido pela FMEnv (1991). O DNMRT revelou que não foram observadas diferenças significativas nos locais de amostragem em ambas as estações. Foram observadas variações sazonais no ferro (Fe^{2+}) entre a estação das chuvas 0,52 + 5,0mg/l e a estação seca 1,62 $\pm$ 1,33mg/l.

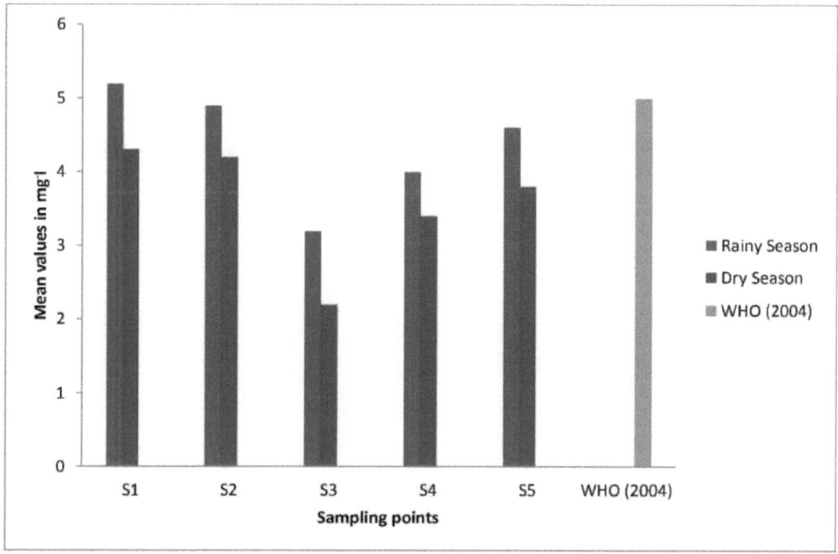

Figura 17: Variações sazonais do oxigénio dissolvido

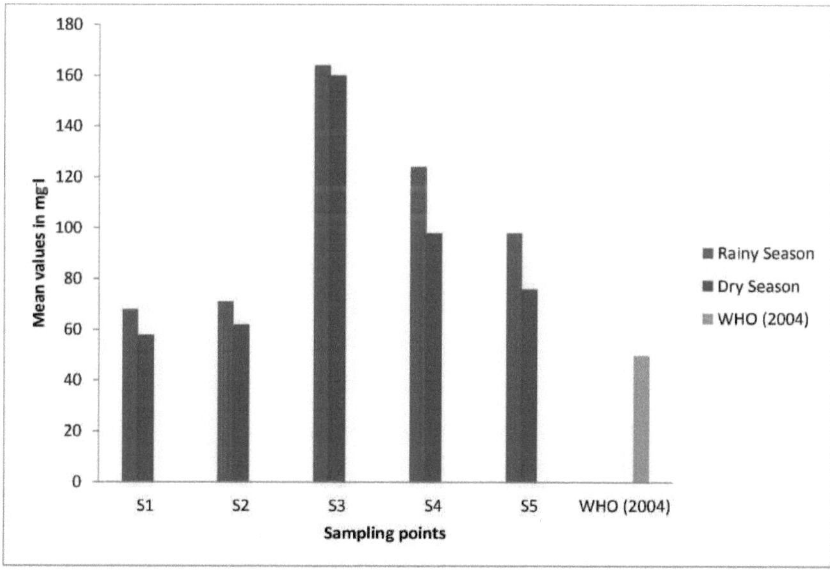

Figura 18: Variações sazonais da carência bioquímica de oxigénio (CBO5)

4.2.2. Valores médios sazonais de zinco

A Figura 20 mostra os valores de zinco (Zn^{2+}) para as cinco estações na estação das chuvas e na estação seca. Os valores variaram entre 0,84mg/l nas estações 1 e 1,62mg/l na estação 3, com um valor médio de 1,13mg/l na estação das chuvas (ver anexo 2).

A análise de variância (ANOVA) mostra F (calculado) = 0,003 e F (tabulado) 3,68 com $P < 0,05$. Na estação seca, os valores de zinco (Zn^{2+}) variaram entre 0,76mg/l nas estações 1 e 2,24mg/l nas estações 3, com um valor médio de 1,70mg/l.

As concentrações de zinco nas estações a montante, em ambas as estações, estavam dentro do limite máximo de 1,0mg/l estabelecido pela FMEnv (1991). As concentrações de zinco no ponto de entrada e nos locais a jusante estavam acima da norma estabelecida de 1,0 mg/l. O DNMRT não revelou qualquer significância nos locais de amostragem em ambas as estações. Foram observadas variações sazonais nas concentrações de zinco (Zn^{2+}) entre a estação das chuvas 1,13 + 0,30mg/l e a estação seca 0,65 + 0,79mg/l.

4.2.3. Valores médios sazonais de crómio

A Figura 21 mostra os valores de crómio (Cr^{6+}) para as cinco estações na estação das chuvas e na estação seca. O Cr variou entre 0,01mg/l nas estações 1 e 0,04mg/l na estação 3, com um valor médio de 0,026mg/l na estação das chuvas (ver anexo 2). A análise de variância (ANOVA) mostra F (calculado) = 0,27 e F (tabulado) 3,68 com $P < 0,05$. Os valores de crómio (Cr^{6+}) para as cinco estações na estação seca variaram entre 0,01mg/l nas estações 1 e 2 e 0,05mg/l na estação 3 com um valor médio de 0,024mg/l.

A análise de variância (ANOVA) mostra F (calculado) = 0,14 e F (tabulado) 3,68 a $P < 0,05$. As concentrações de crómio em ambas as estações em todas as estações estavam dentro/abaixo do limite máximo de 0,05mg/l pela FMEnv (1991). O DNMRT não revelou diferenças significativas nos locais de amostragem em ambas as estações. Foram observadas variações sazonais no crómio (Cr^{6+}) entre a estação das chuvas 0,026 + 0,011mg/l e a estação seca 0,024 + 0,01mg/l.

4.2.4. Valores médios sazonais de manganês

A Figura 22 mostra os valores de manganês (Mn^{2+}) para as cinco estações na estação das chuvas e na estação seca.

Os valores variaram de 0,1mg/l nas estações 1, 2 e 5 a 0,2mg/l na estação 3, com valor médio de 0,068mg/l na estação chuvosa (ver apêndice 2). A análise de variância (ANOVA) mostra F (calculado) = 0,68 e F (tabulado) 3,68 com $P < 0,05$.

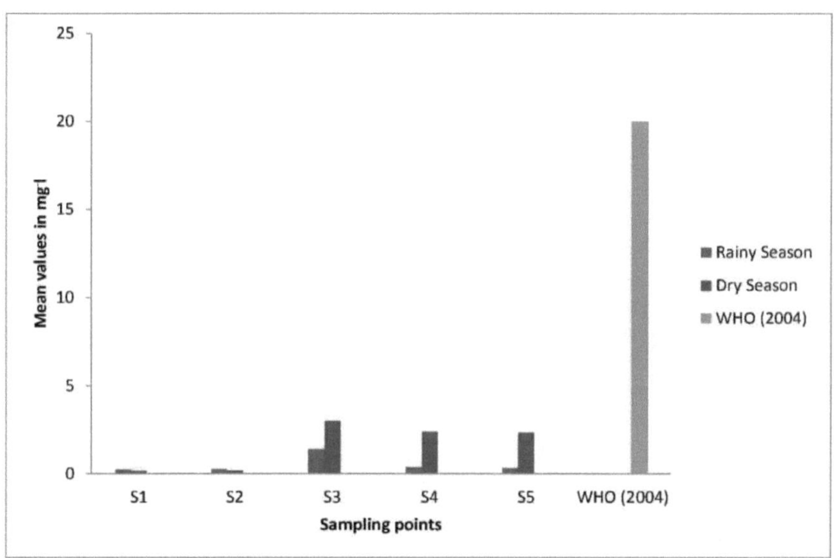

Figura 19: Variações sazonais da concentração de ferro (Fe $)^{2+}$

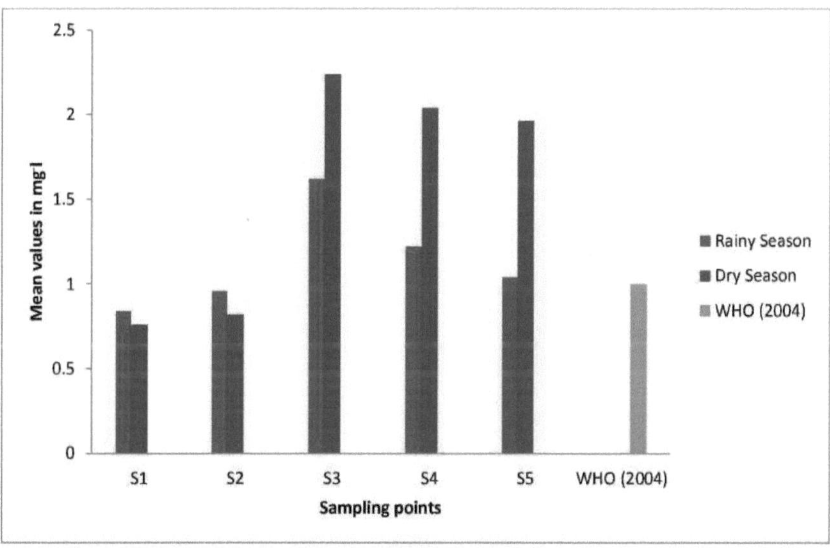

Figura 20: Variações sazonais da concentração de zinco (Zn $)^{2+}$

Os valores de manganês (Mn^{2+}) para as cinco estações na estação seca variaram de 0,01mg/l nas estações 1 e 2 a 0,03mg/l na estação 3 com valor médio de 0,018mg/l. A análise de variância (ANOVA) mostra F (calculado) = 0,01 e F (tabulado) 3,68 com $P < 0,05$. As concentrações de manganês em todos os locais em ambas as estações estavam abaixo da descarga máxima de efluentes de 5mg/l pela FMEnv (1991). O DNMRT não revelou significância nos locais de amostragem em ambas as estações. Foram observadas variações sazonais no manganês (Mn^{2+}) entre a estação chuvosa 0,068 + 0,08 e a estação seca 0,018 + 0,08mg/l.

4.2.5. Valores médios sazonais de cobre

A Figura 23 mostra os valores de cobre (Cu^{2+}) para as seis estações na estação das chuvas e na estação seca. Os valores variaram entre 0,28mg/l nas estações 1 e 1,22mg/l na estação 3, com um valor médio de 0,66mg/l na estação das chuvas (ver anexo 22). A análise de variância (ANOVA) mostra F (calculado) = 0,003 e F (tabulado) 3,68 com $P < 0,05$. Os valores de cobre (Cu^{2+}) para as cinco estações na estação seca variaram de 0,44mg/l na estação 1 a 1,24mg/l na estação 3 com valor médio de 0,73mg/l. A análise de variância (ANOVA) mostra F (calculado) = 0,01 e F (tabulado) 3,68 a $P < 0,05$. As concentrações de cobre nas estações a montante e a jusante, em ambas as estações, estavam dentro do limite de 1,0mg/l estabelecido pela FMEnv (1991). As concentrações nos locais do matadouro eram superiores à norma. O DNMRT não revelou qualquer significância nos locais de amostragem em ambas as estações. Foram observadas variações sazonais no cobre (Cu^{2+}) entre a estação das chuvas 0,66 + 0,38mg/l e a estação seca 0,73 + 0,32mg/l.

4.2.6. Valores médios sazonais de chumbo (pb $)^{2+}$

A Figura 24 mostra os valores de chumbo (pb^{2+}) para as cinco estações na estação das chuvas e na estação seca. Os valores variaram entre 0,002 na estação 1 e 0,007mg/l na estação 3, com um valor médio de 0,0046mg/l na estação das chuvas (ver anexo 23). A análise de variância (ANOVA) mostra F (calculado) = 0,05 e F (tabulado) 3,68 com $P < 0,05$. Os valores de chumbo (pb^{2+}) para as cinco estações na estação seca variaram de 0,001mg/l na estação 1 a 0,004mg/l na estação 3 com valor médio de 0,0016mg/l.

A análise de variância (ANOVA) mostra F (calculado) = 0,03 e F (tabulado) 3,68 a $P < 0,05$. As concentrações de chumbo estavam dentro do limite de FMEnv (1991) de 0,05mg/l nas estações a montante e a jusante.

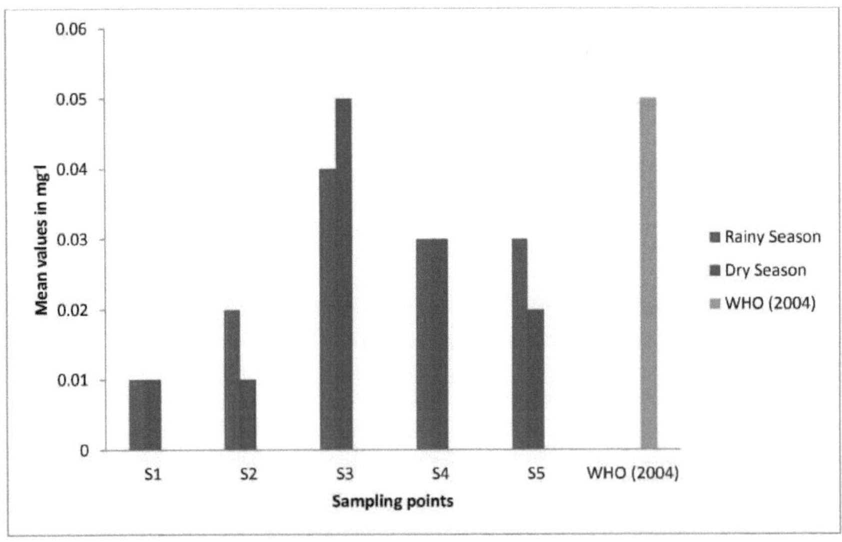

Figura 21: Variações sazonais da concentração de crómio (Cr)

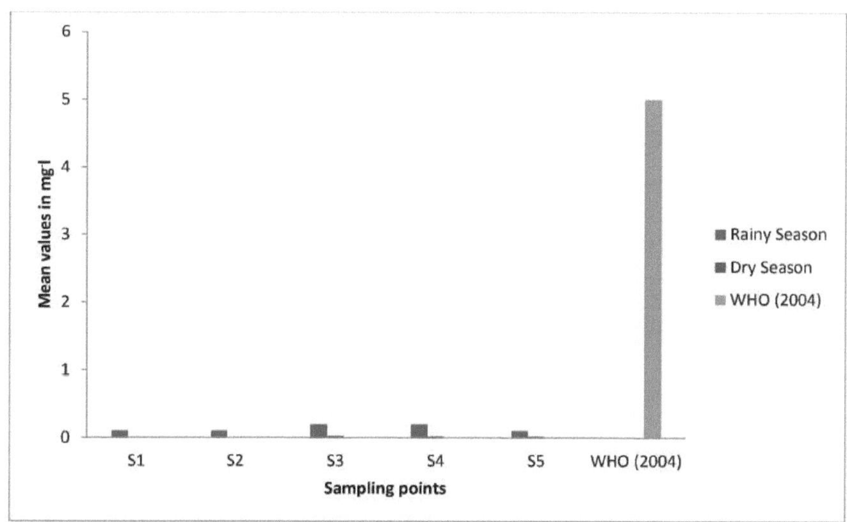

Figura 22: Variações sazonais da concentração de manganês (Mn)

O DNMRT não revelou qualquer significância nos locais de amostragem em ambas as estações. Foram observadas variações sazonais no chumbo (pb^{2+}) entre a estação das chuvas 0,0046 + 0,001mg/l e a estação seca 0,0016 + 0,0014mg/l.

4.2.7. Valores médios sazonais de cádmio (Cd)

A Figura 25 mostra os valores médios de cádmio (Cd) para as cinco estações na estação das chuvas e na estação seca. O Cd variou entre 0,001mg/l nas estações 1 e 0,003mg/l na estação 3, com um valor médio de 0,0020mg/l na estação das chuvas (ver anexo 2). A análise de variância (ANOVA) mostra F (calculado) = 0,10 e F (tabulado) 3,68 com $P < 0,05$. Os valores de cádmio (Cd) para as cinco estações na estação seca variaram de 0,001mg/l nas estações 1 a 0,0026mg/l nas estações 3 com valor médio de 0,00017mg/l. A análise de variância (ANOVA) mostra F (calculado) = 0,03 e F (tabulado) 3,68 a $P < 0,05$. As concentrações de cádmio em todos os locais de amostragem em ambas as estações estão dentro da descarga máxima de efluentes da FMEnv (1991) de 0,05mg/l. O DNMRT não revelou qualquer significância nos locais de amostragem em ambas as estações. Foram observadas variações sazonais no chumbo (Cd) entre a estação das chuvas 0,0020 + 0,0007 mg/l e a estação seca 0,00017 $\pm$ 0,00061 mg/l.

4.3. Análise microbiológica

Os resultados da análise microbiológica das várias amostras são apresentados no apêndice 3

4.3.1. Valores médios sazonais de Escherichia coli

A Figura 26 mostra a contagem de Escherichia coli para as cinco estações na estação das chuvas e na estação seca. Variou de $0,0014 \times 10^5$ Unidade Formadora de Coliformes (CFU /ml) na Estação 1 a $0,0064 \times 10^5$ CFU/ml na Estação 3 com o valor médio de 0,0038cfu/ml na estação chuvosa. Da mesma forma, os valores médios de

Escherichia coli para as cinco estações na estação seca variaram de 0,009 $\times10^5$ CFU /ml na estação 1 a 0,0039 $\times10^5$ cfu/ml na estação 3 com a média de 0,0038 $\times10^5$ CFU /ml. Foram observadas variações sazonais em Escherichia coli entre a estação chuvosa 0,0038 + 0,002 UFC/ml e a estação seca 0,0038 + 0,003 UFC/ml.

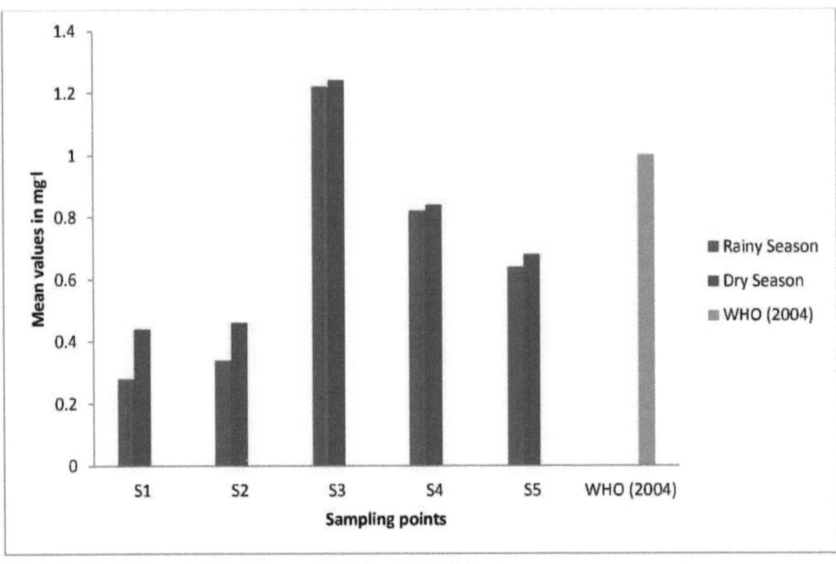

Figura 23: Variações sazonais da concentração de cobre (Cu)

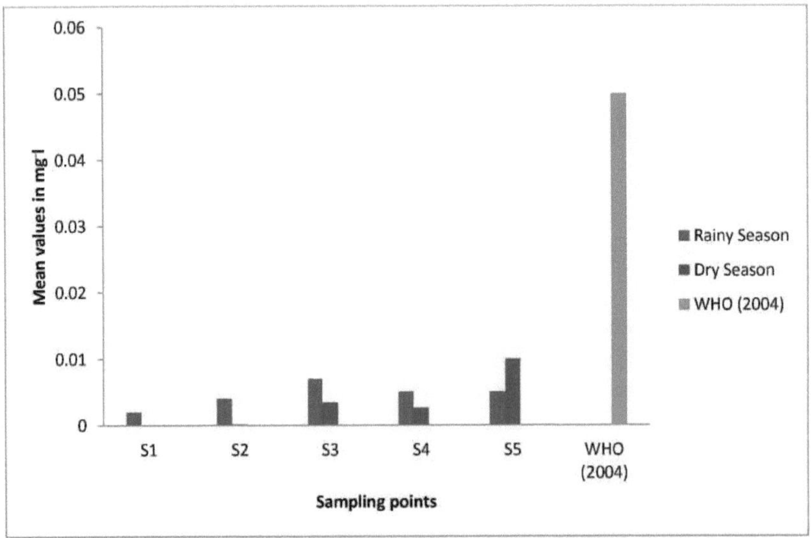

Figura 24: Variações sazonais da concentração de chumbo (Pb)

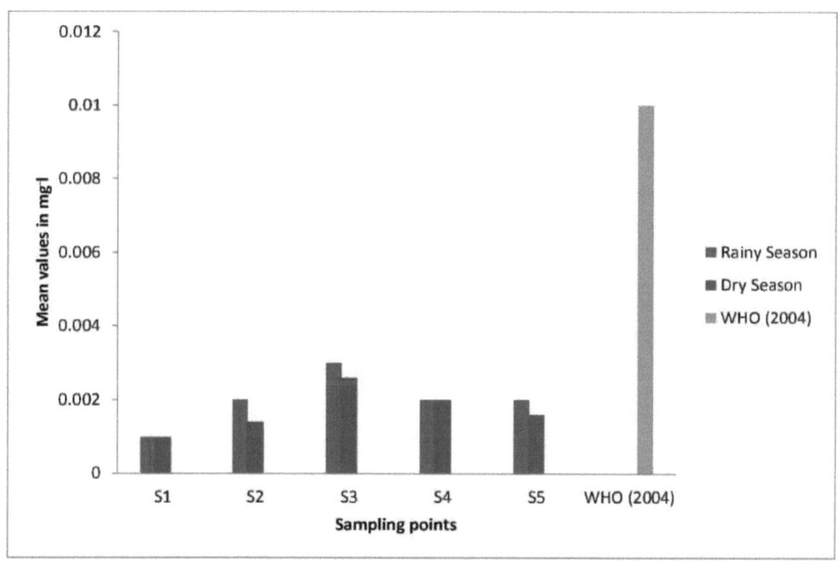

Figura 25: Variações sazonais da concentração de cádmio (Cd)

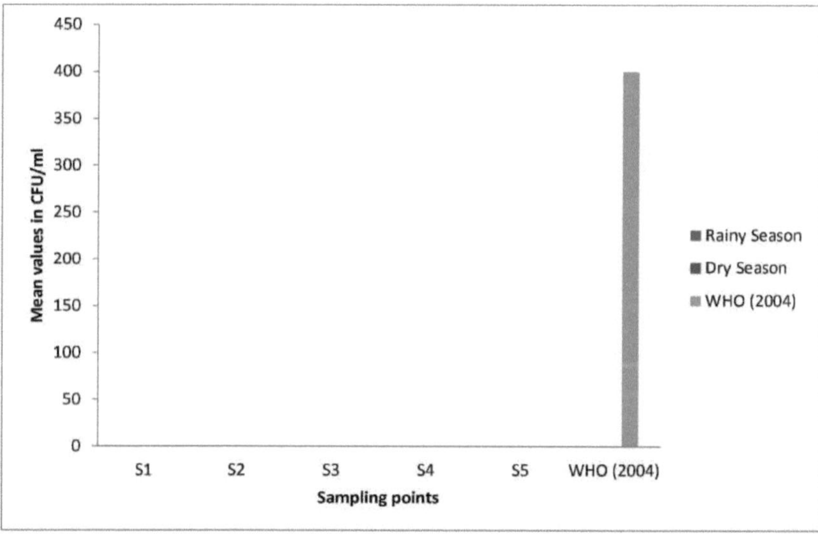

Fator de diluição 10^5 (CFU/ml)

Figura 26: Variações sazonais de Escherichia coli

4.3.2. Valores médios sazonais de Klebseilla spp

A Figura 27 mostra a Klebseilla spp para as cinco estações na estação chuvosa e na estação seca. A média foi de $0,0162 \times 10^5$ CFU /ml na estação chuvosa, variando de $0,006 \times 10^5$ cfu/ml na estação 1 a $0,058 \times 10^5$ CFU /ml na estação 3. Da mesma forma, a Klebseilla spp para as cinco estações na estação seca variou de 0×10^5

CFU /ml nas estações 1 e 2 a 0,034 × 10^5 CFU /ml na estação 3 com a média de 0,015 × 10^5 CFU /ml. Foram observadas variações sazonais em Klebseilla spp entre a estação chuvosa 0,0162 × 10^5 + 0,023 × 10^5 CFU /ml e a estação seca 0,0015 × 10^5 + 0,015 × 10^5 CFU /ml. Os números de Klebseilla spp por ml estavam dentro do limite máximo de 400 UFC /ml estabelecido pela FMEnv (1991) em ambas as estações.

4.3.3. Valores médios sazonais de Proteus vulgaris

A Figura 28 mostra a contagem de Proteus spp para as cinco estações na estação das chuvas e na estação seca. A contagem variou de 0,0 × 10^5 CFU /ml na Estação 1 a 0,012 × 10^5 CFU /ml na Estação 3 com a média de 0,038 × 10^5 CFU /ml na estação chuvosa. Da mesma forma, Proteus vulgaris para as cinco estações na estação seca variou de 0,008 × 10^{-5} CFU /ml em (Estações 1, 2) a 0,0039 × 10^5 CFU /ml na estação 3 com a média de 0,0021. Foram observadas variações sazonais em Proteus vulgaris entre a estação das chuvas 0,038 + 0,0049 CFU /ml e a estação seca 0,0021 + 0,0013 CFU /ml. O número total de Proteus vulgaris registado está dentro do limite de 400 UFC/ml estabelecido pela FMEnv (1991).

4.3.4. Valores médios sazonais de Salmonella typhi

A Figura 29 mostra a contagem de Salmonella typhi para as cinco estações na estação chuvosa e na estação seca. Ela variou de 0,03 × 10^5 CFU /ml na estação 1 a 0,0348 × 10^5 CFU /ml na estação 3 com a média de 0,0302 × 10^5 CFU /ml na estação chuvosa. Da mesma forma, a Salmonella typhi para as cinco estações na estação seca variou de 0 × 10^{-5} CFU /ml nas estações 1 e 2 a 0,025 × 10^5 CFU /ml na estação 3 com a média de 0,014 ×10^5 CFU /ml. Foram observadas variações sazonais em Salmonella typhi entre a estação chuvosa 0,0302 × 10^5 + 0,013 × 10^5 CFU /ml e a estação seca 0,014 × 10^5 + 0,13 × 10^5 CFU /ml. O número de Salmonella typhi para ambas as estações estava dentro dos limites máximos de 400 CFU /ml de acordo com FMEnv (1991)

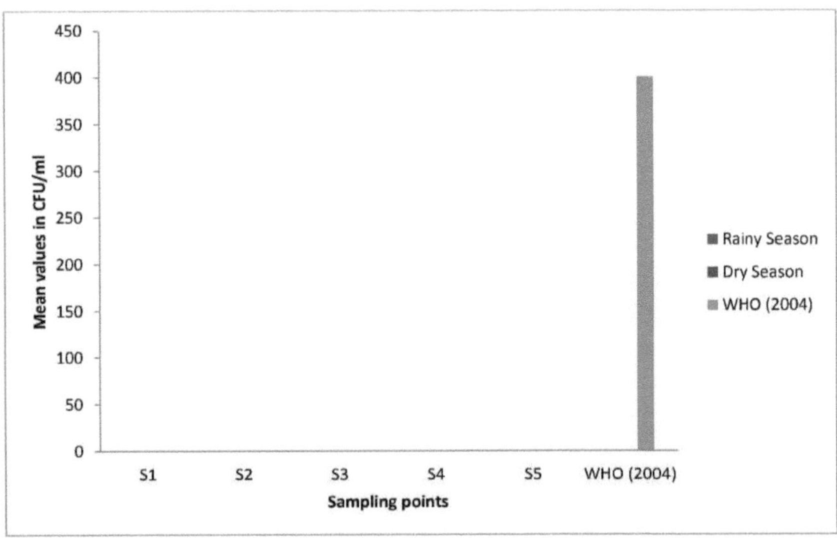

KEY: Fator de diluição 10^5 (CFU/ml)

Figura 27: Variações sazonais em Klebseilla sp

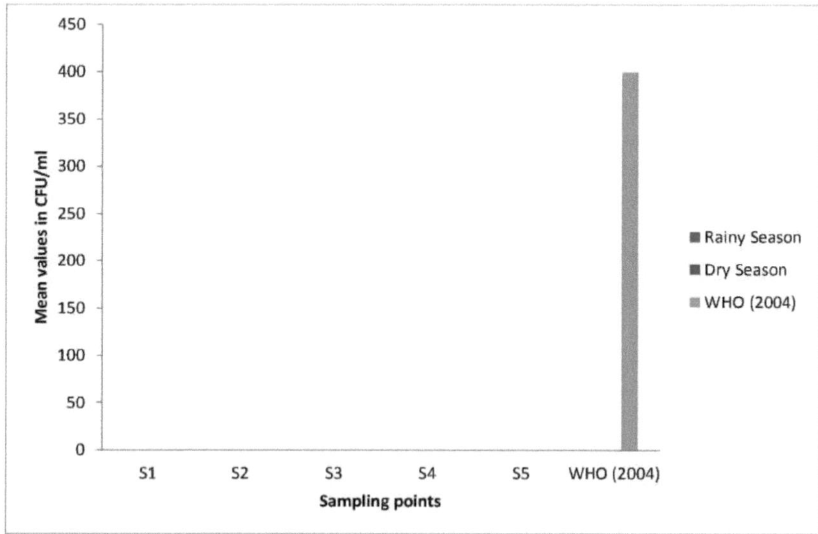

KEY: Fator de diluição 10^5 (CFU/ml)

Figura 28: Variações sazonais de Proteus vulgaris

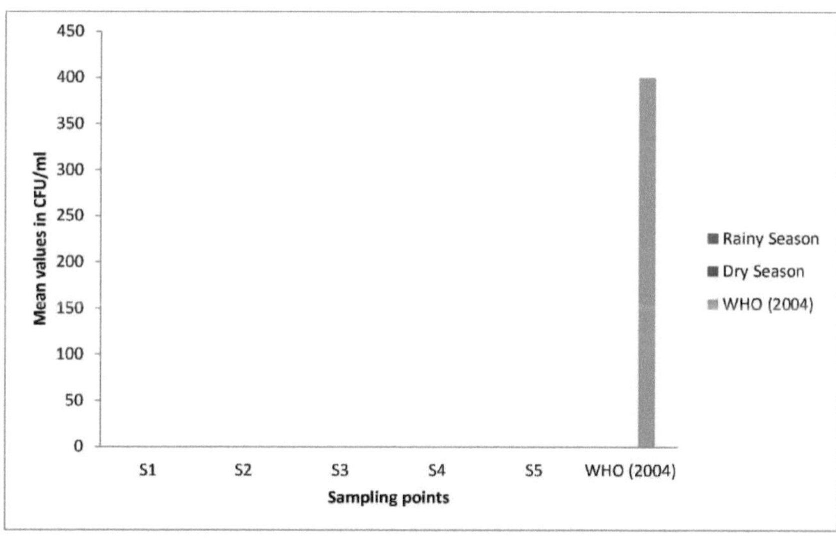

KEY: Fator de diluição 10^5 (CFU/ml)

Figura 29: Variações sazonais de Salmonella typhi

4.3.5. Valores médios sazonais de Streptococcus faecalis

A Figura 30 mostra o Streptococcus faecalis para as cinco estações na estação chuvosa e na estação seca. A variação foi de 0×10^5 CFU /ml na (estação 1, 2) a $0{,}017 \times 10^5$ CFU /ml na estação 3 com a média de 0,0049

× 10^5 CFU /ml na estação chuvosa. Da mesma forma, Streptococcus faecalis para as cinco estações na estação seca variou de 0 × 10^5 CFU /ml em (estações 1, 2) a 15 × 10^5 CFU /ml na estação 3 com a média de 0,013 × 10^5 CFU /ml. Foram observadas variações sazonais em Streptococcus faecalis entre as estações chuvosa 0,0049 × 10^5 + 0,073 × 10^5 CFU /ml e seca 0,0021 × 10^5 + 0,0043 × 10^5 CFU /ml

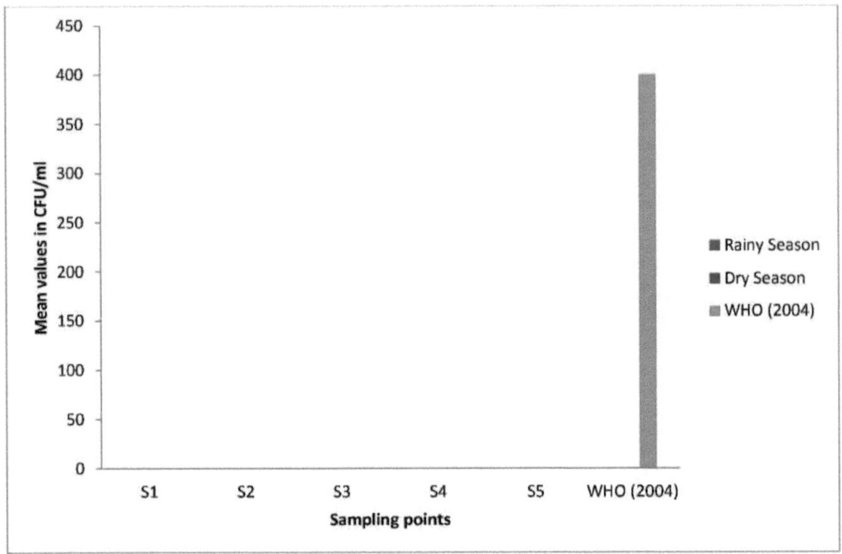

Fator de diluição 10^5 (CFU/ml)

Figura 30: Variações sazonais de Streptococcus faecalis

CAPÍTULO 5
DISCUSSÃO

A medição do nível de poluição orgânica da fonte pontual - matadouro de Katsina-Ala em relação à qualidade da água superficial do rio Katsina-Ala é a principal preocupação deste estudo. A temperatura para ambas as estações está dentro dos limites de efluentes estabelecidos pela FMEnv (1991) de < 40° C e Organização Mundial de Saúde (OMS, 2004) de 30 - 35° C. A temperatura na estação seca correlacionou-se negativamente com todos os parâmetros físico-químicos da estação das chuvas. Isto implica que a temperatura na estação seca não tem qualquer relação com a concentração das variáveis físico-químicas da estação das chuvas. Não houve diferença significativa ($p<0,05$) na temperatura em ambas as estações. A temperatura deste estudo para ambas as estações suporta processos óptimos para o ecossistema aquático. A temperatura da água regula várias reacções bioquímicas que influenciam a qualidade da água. São esperadas temperaturas mais elevadas na estação seca porque a energia térmica da luz solar aumenta a temperatura da água à superfície. Da mesma forma, as quedas de temperatura na estação das chuvas são atribuídas à precipitação intensa (Abowei et al., 2009). Os resultados deste estudo corroboram os trabalhos anteriores de Akan et al., (2010) que registaram intervalos de temperatura entre 26° C e 29° C. A gama de temperaturas das águas residuais na estação seca também está de acordo com (Metcalf e Eddy, 2003) que relataram temperaturas das águas residuais tão elevadas como 30 - 35° C em países de África e do Médio Oriente.

Os valores médios de turbidez nos locais de amostragem de água estavam acima do limite da OMS (2004) de 5NTU na estação das chuvas. Os valores médios de turvação nos locais a montante e a jusante foram inferiores ao limite de 5NTU da OMS na estação seca. O valor no local do matadouro (S3) estava muito acima do limite máximo. Não se registou uma diferença significativa ($p<0,05$) na turvação na estação das chuvas. O aumento da turbidez na estação das chuvas pode ser atribuído à elevada turbulência da água e ao escoamento superficial da água que contém partículas coloidais do solo, vegetação, fertilizantes e fezes de animais. Na estação seca, a baixa turbulência, a sedimentação natural, a coagulação e a ausência de escoamento superficial podem diminuir a turbidez. A turvação afecta a taxa de penetração da luz nas massas de água. Metcalf e Eddy (2003) observaram que as partículas coloidais dispersam ou absorvem a luz, impedindo assim a sua transmissão. Os organismos autotróficos que vivem no fundo e que são os principais produtores do ecossistema podem ser afectados. Haverá uma queda na produção primária, esgotando assim a produção bruta do rio. A diminuição da turvação na estação seca deve-se possivelmente à sedimentação e à falta de escoamento superficial quando cessa a precipitação.

A cor registada em todos os cinco locais de amostragem em valores chuvosos estava muito acima do limite máximo de 7 da FMEnv (1991). Na estação seca, os locais a montante e a jusante estavam abaixo do limite máximo de 7. É interessante notar que não foi registada cor em S1, S2 e S5. Não houve diferença significativa ($p<0,05$) na cor entre os locais de amostragem de água em ambas as estações. A cor elevada na estação das chuvas pode resultar de sólidos dissolvidos e de partículas, provavelmente do escoamento superficial e da turbulência. A cor diminui na estação seca à medida que a sedimentação aumenta e o escoamento superficial diminui consideravelmente. A relação entre os TSS e a turbidez pode ser afetada pela cor da água devido a compostos orgânicos dissolvidos que podem absorver mais luz do que os inorgânicos (Packman et al., 1999).

Os valores médios de Sólidos Suspensos Totais em cinco locais de amostragem na estação chuvosa estavam acima do limite máximo de 30mg/l estabelecido pela FMEnv (1991); apenas S5 (29mg/l) estava abaixo do limite máximo para descarga de águas residuais em rios/córregos. Não foram registados sólidos suspensos em S1, S2 e S5 na estação seca; os locais a montante e a jusante estavam muito abaixo do limite máximo da FMEnv. A ANOVA não mostra diferenças significativas ($p<0,05$) entre as médias das águas amostradas. Os resultados elevados de TSS deste estudo concordam com o trabalho de Akan et al.(2010) no matadouro de Maiduguri, em que os sólidos suspensos totais eram superiores ao limite aceite estabelecido pela FMEnv (1991). Os SST reduzem a transparência da luz e podem causar uma miríade de problemas para a saúde dos cursos de água e para a vida aquática. A descarga de efluentes com elevadas concentrações de sólidos em suspensão pode provocar a deposição de lamas e condições anaeróbias na massa de água recetora (Hodgson, 2000). Os efluentes com elevado teor de sólidos em suspensão podem servir de canal de transporte de metais pesados e micróbios para o rio, uma vez que os SST podem adsorver metais pesados nas suas superfícies, facilitando assim a formação de complexos de metais pesados (Toumi et al., 2000). Do mesmo modo, Stone e Droppo (1994) sugerem que os sólidos em suspensão actuam provavelmente como o principal mecanismo de transporte de poluentes e nutrientes nos cursos de água através da floculação, adsorção e ação coloidal.

Os Sólidos Totais Dissolvidos (TDS) nos cinco locais de amostragem para ambas as estações estavam bem abaixo do limite máximo de 2000mg/l da FMEnv (1991)/OMS (2004). O aumento do total de sólidos dissolvidos na estação chuvosa pode ser atribuído aos principais constituintes que são geralmente catiões de cálcio, magnésio, sódio e potássio e aniões de carbonato de hidrogénio, cloreto, sulfato e nitrato, conforme descrito pela OMS (1996). O cálcio e o magnésio são importantes para a saúde óssea e cardiovascular. Os TDS podem também reduzir a clareza da água, aumentar a toxicidade dos metais, alterar a composição iónica e contribuir para a redução da fotossíntese. O resultado dos TDS indica que o limiar de concentração dos sólidos dissolvidos totais (TDS) é inferior a 300 mg/litro. Este facto é consistente com as conclusões da OMS (1996), que afirma que a palatabilidade da água potável foi classificada por painéis de provadores em relação ao seu nível de TDS da seguinte forma: excelente, menos de 300 mg/litro; boa, entre 300 e 600 mg/litro; razoável, entre 600 e 900 mg/litro; fraca, entre 900 e 1200 mg/litro; e inaceitável, superior a 1200 mg/litro.

Os Sólidos Totais nos cinco locais de amostragem para ambas as estações estavam bem abaixo dos limites máximos de 2000mg/l da FMEnv (1991)/OMS (2004); as médias de TS para a estação chuvosa foram mais elevadas do que para a estação seca. O resultado dos sólidos totais está de acordo com o resultado de Chapman (1992), segundo o qual os valores mais elevados de TS são atribuíveis a partículas de silte e argila, embora o substrato do rio seja maioritariamente solo arenoso. A adição de sólidos totais provenientes de locais de matadouro diminui a jusante, indicando a existência de níveis variáveis de capacidade de assimilação de resíduos no rio, tal como referido por Omole e Longe (2008).

A concentração de iões de hidrogénio ($H+$) para ambas as estações estava dentro dos limites de 6-9 da FMEnv (1991)/OMS (2004). O pH na estação das chuvas foi ligeiramente ácido, enquanto o pH na estação seca foi ligeiramente alcalino. Este resultado está de acordo com as conclusões de Omole e Longe (2008), segundo as quais o pH do rio Illo era ligeiramente ácido, variando entre 6,20 - 6,90, o que está dentro do pH ótimo que favorece a maior parte do crescimento microbiano, tal como observado por Pearson et al. (1997). A gama de pH não deve ser baixa como 5,5 - 6,0 para não danificar problemas aquáticos e ambientais sensíveis (Doka et al., 2003). O pH da água afecta a solubilidade de muitas substâncias tóxicas e afecta os organismos aquáticos. À medida que a acidez aumenta, a maioria dos metais torna-se mais solúvel em água e mais tóxica.

Os valores médios de dureza nos locais a montante e a jusante em ambas as estações estavam dentro dos padrões estabelecidos pela FMEnv (1991)/OMS (2004) de 100-500 mg/l. A dureza, que geralmente representa a concentração de cálcio e magnésio, ajuda os organismos aquáticos (peixes) a atenuar a toxicidade dos metais, impedindo-os de absorver metais pesados (chumbo, arsénio e cádmio) na sua corrente sanguínea Mozaffarian et al. (2006). As concentrações de cálcio e magnésio em ambas as estações estavam dentro dos limites aceites para descarga nas águas residuais; esta constatação está de acordo com os trabalhos de Adeyemo et al., (2002) no matadouro (Bodija) em Ibadan, em que o cálcio e o magnésio estavam dentro do limite máximo.

Os níveis de concentração de cloreto para ambas as estações estavam dentro dos limites máximos de 600mg/l estabelecidos pela FMEnv (1991)/OMS (2004); embora a concentração de cloreto na estação das chuvas fosse mais elevada do que na estação seca. O cloreto pode ser proveniente de sais solúveis (cloreto de sódio e cloreto de potássio) no sangue descarregado do efluente no rio. As concentrações de nitrato nos cinco locais de amostragem, em ambas as estações, estavam acima do limite máximo de 20 mg/l estabelecido pela FMEnv (1991)/OMS (2004). Isto pode ser o resultado das actividades agrícolas em Katsina- ala e arredores. A concentração de nitratos, tanto na estação das chuvas como na estação seca, foi menor nos locais a montante e maior nos locais a jusante. O resultado deste estudo sobre as concentrações de nitrato está de acordo com os trabalhos de Osibanjo e Adie (2007) sobre o impacto dos efluentes do matadouro de Bodija nos parâmetros físico-químicos do ribeiro Osinkaye na cidade de Ibadan, Nigéria e

Akan et al., (2010) sobre parâmetros físico-químicos em amostras de águas residuais de matadouro na metrópole de Maiduguri, que a concentração de nitrato estava acima do limite máximo de 20mg/l. A análise de variância e a análise post-hoc revelaram que não foram observadas diferenças significativas ($p<0,05$) nas amostras de água em ambas as estações. Isto pode ser devido à desnitrificação do nitrato pelas bactérias em óxido nitroso gasoso e azoto molecular para a atmosfera em condições anaeróbias. Concentrações elevadas de nitrato derivadas de actividades humanas podem, por conseguinte, estimular ou aumentar o desenvolvimento, a manutenção e a proliferação de produtores primários (fitoplâncton, algas bentónicas, macrófitas), contribuindo para o fenómeno generalizado da eutrofização cultural (provocada pelo homem) dos ecossistemas aquáticos (Wetzel, 2001; Dodds et al., 2002). Os nitratos têm uma correlação negativa com a saúde. Concentrações elevadas de nutrientes podem representar sérios riscos para a saúde humana. Os efeitos potenciais dos nitratos para a saúde são numerosos e incluem a metahemoglobinemia, também designada por cianose infantil ou síndrome do bebé azul. Trata-se de uma doença sanguínea grave em que os nitratos são absorvidos pela corrente sanguínea e convertem a hemoglobina transportadora de oxigénio em meta-hemoglobina. A capacidade de transporte de oxigénio da hemoglobina é bloqueada pelos nitritos (causados pela conversão de nitratos no estômago), levando à privação de oxigénio e à asfixia. Os bebés são especialmente susceptíveis porque os seus estômagos convertem facilmente os nitratos em nitritos. Os bebés que são alimentados com água obtida a jusante podem sofrer deste problema de saúde (Akinbile, 2006; Harte et al., 1991). Os nitritos reagem com compostos orgânicos naturais e sintéticos para produzir compostos N-Nitroso no estômago humano. Muitos destes compostos são carcinogénicos para os seres humanos (IARC, 1978), e um conjunto substancial de literatura sugere que níveis elevados de nitratos na água potável podem aumentar os riscos de cancro (Mirvish 1983, Mirvish 1991). Isto implica que tanto os bebés como os adultos podem ser susceptíveis a uma descarga excessiva de nitratos do matadouro.

O nível de fosfato em ambas as estações está dentro do limite máximo de efluentes de 5mg/l. Não se registou qualquer diferença significativa ($p<0,05$) entre as amostras de água em ambas as estações. Este facto pode ser atribuído à diminuição da concentração de fosfato das instalações do matadouro para a água recetora e ao escoamento superficial, possivelmente porque não existem explorações agrícolas à volta do rio onde sejam utilizados fertilizantes inorgânicos. A baixa concentração de enriquecimento de nutrientes (especialmente fósforo) poderia explicar a ausência de eutrofização no rio Katsina-Ala, no Estado de Benue. Em ambientes de água doce, o fósforo tem sido frequentemente identificado como o principal nutriente limitante para o crescimento de algas (Camargo et al., 2005b).

As médias da Carência de Carbono e Oxigénio (CQO) para ambas as estações estavam acima do limite máximo de 80mg/l estabelecido pela FMEnv (1991). A CQO, que pode indicar o nível de poluição da água por poluentes redutores, é o principal determinante utilizado para avaliar a poluição orgânica em sistemas aquosos e é um dos parâmetros mais importantes na monitorização da água (APHA, 2005). Carência Bioquímica de Oxigénio

(CBO) é uma medida da quantidade de oxigénio que os organismos consomem durante a decomposição da matéria orgânica em condições aeróbias. Os valores médios elevados de CBO na estação das chuvas indicam a presença de um maior número de microrganismos que consomem oxigénio dissolvido do que na estação seca. Os valores médios de CBO para ambas as estações estavam acima do limite máximo de 50mg/l estabelecido pela FMEnv (1991). Não houve diferença significativa ($p <0,05$) entre as águas dos locais de amostragem em ambas as estações. A CBO nos locais de amostragem pode indicar que os efluentes dos matadouros aumentam a poluição orgânica, uma vez que a CBO mede a poluição orgânica. A diminuição da CBO a jusante pode significar que o rio é capaz de sofrer biodegradação com a ajuda de microrganismos.

A turbulência da água e a diminuição da temperatura podem ser as causas do elevado nível de oxigénio dissolvido (OD) na estação das chuvas em relação à estação seca. O resultado do oxigénio dissolvido deste estudo está de acordo com os resultados de Akan et al., (2010) e Agbaire e Obi (2009), segundo os quais o oxigénio dissolvido excedeu o limite admissível de 5,0 mg/l para a descarga de águas residuais nos rios, estabelecido pela OMS (2004). O oxigénio dissolvido mede o grau de frescura da água; isto significa que o rio Katsina-Ala é fresco em ambas as estações e pode favorecer as actividades biológicas.

Foi feita uma tentativa de investigar a relação entre os parâmetros em ambas as estações. A correlação dos parâmetros físico-químicos da estação das chuvas com um valor de r crítico ($r = 0,482$) não revelou uma relação significativa ($p< 0.05$) entre os parâmetros físico-químicos na estação seca (temperatura, turvação, cor, TSS, TDS, TS, dureza, Ca^{2+}, Mg^{2+}, pH, $NO3^-$, $PO4^{3-}$, $SO4^{2-}$, COD, BOD, DO, Fe^{2+}, Zn^{2+}, Cr^{2+}, Mn^{2+}, Cu^{2+}, pb^{2+}, Cd^{2+}) e a temperatura, pH e DO na estação das chuvas. Verificou-se uma relação significativa ($P<0,05$) entre os parâmetros da estação seca e os parâmetros físico-químicos da estação das chuvas: turvação, cor, TSS,

TDS,TS, dureza, Ca^{2+} , Mg^{2+} , pH, $NO3^{-}$, $PO4^{3-}$, $SO4^{2-}$, CQO, CBO, DO, Fe^{2+} , Zn^{2+} , Cr^{2+} , Mn^{2+} , Cu^{2+} , pb^{2+} , e Cd^{2+} . Foi observada uma correlação negativa entre a DO e a CBO; DO e CQO. Isto implica que, com o aumento dos valores de CBO e CQO, há uma diminuição do oxigénio dissolvido. A disponibilidade de oxigénio dissolvido depende diretamente da temperatura, da quantidade de sedimentos, da taxa de respiração e da decomposição da matéria orgânica. Verificou-se também uma correlação negativa do oxigénio dissolvido com outros parâmetros físico-químicos. Este resultado está de acordo com o resultado de (Morenikeji e Raheem, 2008). A correlação entre CBO e TDS revelou uma relação significativa. Um aumento da quantidade de TDS provoca diretamente um aumento da CBO.

Os metais vestigiais (ferro, zinco, manganês e crómio) encontram-se em pequenas quantidades que apoiam o funcionamento do ecossistema do rio. Estes metais encontram-se naturalmente em baixa concentração no ambiente.

As médias de manganês em todos os locais em ambas as estações estavam dentro do limite máximo permitido de 5mg/l estabelecido pela FMEnv (1991). O manganês é um elemento essencial para os seres humanos, mas estudos sugerem que a exposição a níveis elevados na água potável pode levar a efeitos neurológicos adversos (Wasserman et al., 2006).

O zinco é um elemento essencial que actua como componente estrutural e tem propriedades específicas indispensáveis à vida (Bengari e Patil, 1986). Os valores nos locais a montante estavam dentro da norma permitida de <1mg/l pela FMEnv (1991). Os valores médios dos locais a jusante estavam acima do limite estabelecido, provavelmente devido à descarga de efluentes do matadouro. A média elevada de zinco após o matadouro foi também registada por Morenikeji e Raheem (2008) de 0,307 + 0,020mg/l.

Os níveis de crómio nos locais experimentais a montante e a jusante estão dentro do limite máximo de efluentes para o crómio de 0,05mg/l; pode bioacumular-se nos tecidos de organismos aquáticos como os peixes e pode afetar os seres humanos que estão normalmente no fim da cadeia alimentar. Esta afirmação confirma o trabalho de Ayse et al., (2010) sobre a bioacumulação de crómio hexavalente nos tecidos (brânquias, pele e músculo) de um peixe de água doce, a tilápia, Oreochromis aureus. O crómio hexavalente (Cr^{6+}) é uma forma metálica bem conhecida e cancerígena para os animais e os seres humanos Ayse et al., (2010). Em contraste com o crómio hexavalente (Cr^{6+}), a forma trivalente do crómio é 500 a 1000 vezes menos ativa contra as células vivas devido à sua fraca absorção. Doses elevadas de sais de crómio, embora sejam rapidamente eliminadas do corpo humano, podem corroer o trato intestinal (OMS, 2004).

A poluição global da água por metais pesados é um problema ambiental importante. Entre os vários poluentes tóxicos, os metais pesados são particularmente graves na sua ação devido à tendência para a biomagnificação na cadeia alimentar. Os resultados deste estudo discordam da opinião de (Olayinka e Alo, 2004) de que os metais pesados presentes na maioria dos rios nigerianos são encontrados em concentrações muito acima dos níveis aceitáveis e permitidos. Embora os metais pesados se encontrem dentro dos limites máximos permitidos, continuam a constituir um perigo para a saúde humana. Em concentrações elevadas nos sistemas aquáticos, os metais pesados não só são tóxicos para os organismos, como também se acumulam e aumentam ao longo da cadeia alimentar até ao homem (Kakulu, 2002). Os níveis de chumbo nas estações durante a estação das chuvas foram mais elevados do que as médias na estação seca. As médias nos locais de amostragem em ambas as estações estavam abaixo do nível admissível de 0,05 mg/l estabelecido pela FMEnv (1991). O chumbo é cancerígeno; para além de causar cancro, interfere com o metabolismo da vitamina D; afecta o desenvolvimento mental dos bebés, é tóxico para o sistema nervoso central e periférico (SON, 2007). Não foram observadas diferenças significativas ($p<0,05$) na concentração de cádmio em ambas as estações. A concentração de cádmio nas estações de amostragem em ambas as estações foi inferior ao máximo de 0,01 mg/l estabelecido pela FMEnv (1991)/OMS (2004). Estudos comprovaram que o cádmio é tóxico para os rins e o fígado. O cádmio causa envenenamento em vários tecidos e órgãos dos animais (Yapici et al., 2006). Este estudo mostrou a presença de coliformes totais, bactérias termotolerantes e enterococos. A descarga de efluentes do matadouro pode ter contribuído para o aumento da carga bacteriana do rio. O escoamento superficial que transporta fauna e flora decompostas para o rio pode ser um fator contributivo. A baixa contagem de bactérias no local a montante, quando comparada com os outros locais, pode dever-se à redução das actividades humanas, à sedimentação e à depuração (Ezeronye e Ubalua, 2005).

A contagem média de Escherichia coli nos seis locais de amostragem para ambas as estações está dentro do padrão estabelecido pela FMEnv (1991) de 400 coliformes médios diários NMP/100ml. O grupo dos coliformes é constituído por bactérias com caraterísticas bioquímicas e de crescimento definidas que são utilizadas para identificar bactérias que estão mais ou menos relacionadas com a contaminação fecal; e a Escherichia coli é especificamente de origem fecal (Fujioka et al., 1999). A presença de Escherichia coli no rio, tanto na estação das chuvas como na estação seca, indica que os efluentes do matadouro foram lançados no rio e que são provenientes de animais de sangue quente. A Agência de Proteção Ambiental dos Estados Unidos (USEPA) recomendou que a presença de Escherichia coli no rio servisse como indicador bacteriológico da contaminação da água doce (Hicks, 2000). A contagem de Escherichia coli no local a montante foi baixa e alta nos locais a jusante em ambas as estações. A maioria das estirpes de E. coli são inofensivas, mas algumas podem causar diarreia grave. A E. coli enterotoxigénica (EHEC) e a E. coli enteropatogénica (EPEC) são as principais causas de diarreia infantil (UNICEF, 2008).

Estreptococos fecais e enterococos são também indicadores de poluição fecal (APHA, 1999). A presença de Streptococcus faecalis nos dois locais a montante não era viável durante o período de estudo. Isto sugere ainda que o Streptococcus faecalis teve origem no matadouro e voou para o rio; perturbando assim a carga bacteriana do rio. Estudos epidemiológicos mostraram que existe uma correlação linear entre a qualidade microbiana da água e as doenças gastrointestinais (Baron et al., 1982; Cabelli et al., 1982). Isto é confirmado pelo Banco Mundial (2003): os danos causados pelo aumento da doença ou da mortalidade devido à ingestão ou ao contacto da pele com água contaminada dão origem a custos diretos de cuidados de saúde e a custos indirectos de oportunidade. Além disso, Oyedemi (2004) relata que peritos médicos associaram algumas doenças às actividades dos matadouros, incluindo pneumonia, diarreia, febre tifoide, asma, doenças dos classificadores de lã, doenças respiratórias e do peito. A presença de Salmonella typhi, Escherichia coli, Shigella spp, Kblesiella pneumonia, Proteus vulgaris e Streptococcus faecalis no rio mostra claramente a poluição microbiana do rio. A elevada quantidade de Salmonella tyhpi, que é o agente causador da febre tifoide durante a estação das chuvas, indica que o consumo da água sem tratamento pode aumentar a suscetibilidade à febre tifoide.

CAPÍTULO 6
CONCLUSÃO E RECOMENDAÇÕES

6.1. Conclusão

Pode deduzir-se dos resultados deste estudo que o nível dos indicadores de qualidade da água: temperatura, pH, TDS, TS, cloro, sulfato, fosfato, ferro, manganês e concentrações de cádmio em ambas as estações estavam dentro do limite máximo regulamentar de efluentes (FMEnv, 1991a; e OMS, 2004) para a descarga de águas residuais de matadouros nos rios. Apenas as concentrações a montante e a jusante de dureza, cálcio, magnésio, oxigénio dissolvido, zinco, crómio e chumbo se encontravam dentro dos limites aceites; as amostras de água do local do matadouro para estes parâmetros estavam acima do limite máximo permitido. A turvação, a cor e o TSS estavam acima do limite aceite apenas na estação das chuvas. A carência bioquímica de oxigénio (CBO) e o nitrato estavam acima do limite máximo de descarga em ambas as estações. O substrato arenoso do rio, onde ocorre uma filtração lenta da areia, pode ser a causa das baixas caraterísticas físico-químicas do rio. A presença persistente de nitratos e de CBO acima dos limites aceites em ambas as estações é motivo de preocupação. O nitrato provoca metahemoglobinemia (cianose infantil ou síndrome do bebé azul), em que a criança é privada de oxigénio quando o nitrito desloca o oxigénio, podendo a criança afetada sufocar e morrer.

As consequências potenciais da contaminação microbiana para a saúde são de tal ordem que o seu controlo deve ser sempre da maior importância e nunca deve ser comprometido. As bactérias isoladas causam doenças que vão desde a diarreia à febre tifoide. Alguns contaminantes (metais pesados) não são biodegradáveis e persistem no ecossistema, constituindo assim uma ameaça para a saúde humana e para o equilíbrio ecológico do rio. A descarga de efluentes deve ser monitorizada e regulada para reduzir o aumento de contaminantes no rio. A maioria das pessoas não tem acesso a água portátil e recolhe água do rio. As pessoas que recolhem água ou compram água a vendedores de água a jusante do matadouro estão em maior risco de contaminação do que as pessoas que utilizam água a montante do matadouro.

6.2. Recomendações:

-As políticas governamentais devem incentivar a gestão dos resíduos através da reutilização ou da reciclagem dos resíduos dos matadouros: sangue, ossos e fezes em produtos úteis como alimentos para animais, estrume orgânico e produção de biocombustíveis.

-O governo local deve criar lagoas de retenção a jusante dos matadouros para o pré-tratamento dos resíduos dos matadouros antes da descarga nas massas de água

-O controlo das actividades dos matadouros para reforçar o cumprimento dos requisitos sanitários e de higiene nunca deve ser comprometido.

-Os operadores dos matadouros devem ser esclarecidos sobre o impacto dos efluentes dos matadouros na saúde pública e o efeito ecológico no rio. E as comunidades devem abster-se de defecar a céu aberto.

-O governo deve fornecer água portátil à população para evitar a dependência total da água do rio não tratada para satisfazer as diferentes necessidades das comunidades.

-A educação e a sensibilização no domínio do ambiente devem ser reforçadas para promover uma mudança de comportamento que apoie uma gestão ambiental sustentável.

-Os vendedores de água devem ser monitorizados pelas autoridades governamentais locais e, se necessário, desenvolver programas educativos para melhorar a recolha, o tratamento e a distribuição de água, a fim de evitar a contaminação.

Agradecimentos

O autor agradece a assistência recebida para a análise bacteriológica, físico-química e de metais pesados do Water Works Laboratory do Estado de Benue, Nigéria

REFERÊNCIAS

[1] Abowei J.F.N. e George A.D.I.(2009). Algumas caraterísticas físicas e químicas do riacho Okpoka, Delta do Níger, Nigéria Research Journal of Environmental and Earth Sciences 1(2): 45-53 ISSN: 2041-0492 Organização Científica Maxwell

[2] Adelegan, J.A. (2002). Política ambiental e resíduos de matadouros na Nigéria. Actas da 28ª Conferência da WEDC, 2002, Calcutá, Índia, pp: 3-6.

[3] Ahianba, J.E., Dimuna K.O., & Okogun, G.R.A. (2008). Decadência do ambiente construído e saúde urbana na Nigéria. Jornal de Ecologia Humana, 23(3): pp. 259-265.

[4] Akan, J.C., F.I. Abdulrahman, e E. Yusuf (2010). Parâmetros físicos e químicos em amostras de águas residuais de matadouros. Pacific Journal of Science and Technology. 11(1):pp. 640-648.

[5] Akinbile, C.O (2006) Hawked water quality and its health implications in Akure, Nigeria, Botswana Journal of Technology, Vol. 15, No 2, pp 70-75

[6] Akinro, A. O., Ologunagba I. B e Olotu Yahaya (2009). Implicações ambientais da operação anti-higiénica de um matadouro da cidade em Akure, oeste da Nigéria. ARPN Journal of Engineering and Applied Sciences vol.4 (9) ISSN 1819-6608 Accessed, 4th junho, 2012

[7] Alonge D.O. (1991). Textbook of meat hygiene in the tropics (Manual de higiene da carne nos trópicos). Farmcoe Press, Ibadan, Nigéria. pp.58

[8] Amadi,E.S., e Ayogu,T.E. (2005). Manual de laboratório de microbiologia II. Cresco Publishers, Enugu. pp. 51-55

[9] APHA/AWWA/WEF (2005). Standard Methods for the Examination of Water and Wastewater, American Public Health Associations, American Water Works Association, Water Environmental Federation Greenberg, A E; lesceri, L S; eaton, A.D (eds.) 21st Edition. Washington D.C. pp. 68-165

[10] Ayse Bahar, **Yilmaz**, Cemal Turan e Tahsin Toker (2010). Absorção e distribuição de crómio hexavalente em tecidos (brânquias, pele e músculo) de um peixe de água doce, Tilapia, Oreochromis aureus. Jornal de Química Ambiental e Ecotoxicologia Vol. 2(3), pp. 28-33

ISSN 2141 - 226X. Acedido em 28th julho.2013

[11] Bell, R.G. e Russell, C (2002). Environmental policy for developing countries, issues in science and technology, Spring. pp 34-37

[12] Bengari, K.V. e Patil, H.S., (1986). Respiração, glicogénio hepático e bioacumulação em Labeo rohita exposto ao zinco. Indian Journal of Comparative Animal Physiology 4: pp.79 84.

[13] Bonde, G. J. (1977). "Bacterial indication of water pollution" In: Advances in Aquatic Microbiology, London Academic Press. pp. 17-24

[14] Bull, M.N., Sterritt, R.M., e Lester, J.N. (1982). "O tratamento de águas residuais das indústrias da carne: A Review". Environmental Technol.Lett.3 (33): pp 117-126

[15] Cadmus, S.I.B., B.O. Olugasa e G.A.T. Ogundipe (1999). A prevalência da importância zoonótica da tuberculose bovina em Ibadan, Nigéria. Actas do 37º Congresso Anual da Associação Médica Veterinária Nigeriana, Kaduna, pp 883-886.

[16] Camargo JA, Alonso A, de la Puente M (1990). Eutrofização a jusante de pequenas albufeiras em rios de montanha do centro de Espanha. Water Resources 39: pp 3376- 3384. Campbell NA. Biology. 2ª edição. Redwood City (CA): The Benjamin/ Cummings Publishing Company.

[17] Carr, G.M. e J.P. Neary (2008). Water quality for ecosystem and human health, 2nd Edition. pp 45-53

[18] Chapman, D. (1997). Avaliação da qualidade da água. A guide to the use of biota, sediments and water in environmental monitoring. Segunda edição. E&FN pp 65-70

[19] Coker, A.O., Olugasa, B.O., e Adeyemi, A.O. (2001). "Qualidade das águas residuais de matadouros no sudoeste da Nigéria". Actas da 27ª Conferência do WEDC. Lusaca, Zâmbia. 329-331.

[20] Danulat E, Muniz P, García-Alonso J, Yannicelli B (2002). Primeira avaliação do porto altamente contaminado de Montevideo, Uruguai. Mar Pollut Bull 2002. 44: pp 554-565.

[21] Dodds, W.K., W.W. Bouska, J.L. Eitzmann, T.J. Pilger, K.L. Pitts, A.J. Riley, J.T. Schloesser e D.J. Thornbrugh. (2008). Eutrophication of U.S. freshwaters: analysis of potential economic damages. Environmental Science &Technology, 43(1): 12-19.

[22] Doka S.E., McNicol D.K, Mallory M.L, Wong I, Minns C.K, Yan N.D. (2003). Avaliação do potencial de recuperação da riqueza biótica e das espécies indicadoras devido a alterações na deposição ácida e no pH do lago em cinco áreas do sudeste do Canadá. Environ Monit Assess 2003;88: pp 53-101.

[23] Drechsel. P, C.A. Scott, L. Raschid-Sally, M. Redwood, e A. Bahri (2010). Wastewater irrigation and health. Assessing and mitigating risk in low-income countries, IWMI- IDRC Earthscan. p. 432

[24] Ezeronye, O.U. e Ubalua A.O. (2005). Estudos sobre o efeito de efluentes de matadouros e industriais nos metais pesados e na qualidade microbiana do rio Aba, na Nigéria. African Journal of Biotechnology Vol. 4 (3), pp. 266-27 http://www.academicjournals.org/AJB ISSN 1684-5315. Acedido em 23rd julho, 2011

[25] Gleeson, C. e Gray, N. (1997). The coliform index and water-borne disease (O índice de coliformes e as doenças transmitidas pela água). E e FN Spon, Londres. p. 194

[26] Links do Google (2010). Ligações Google para o mapa da administração local de Katsina-Ala, Benue-Nigéria http://www.googlelinks.com Acedido em 30th agosto de 2010

[27] Fakayode, S.O. (2005). Impacto da avaliação de efluentes industriais na qualidade da água do rio Alaro em Ibadan, Nigéria. Ajeam-Ragee Volume 10, pp 1-13.

[28] Organização das Nações Unidas para a Alimentação e a Agricultura (FAO) (2007). Coping with water scarcity. Q&A with FAO Diretor-General, Dr. Jacques Doiuf, FAO Newsroom, March,2007 http://www.fao.org/newsroom/ en/focus/2007/1000521/index.html (Accessed Feb., 2013)

[29] Agência Federal de Proteção do Ambiente (FEPA) (1991). Diretrizes e normas para o controlo da poluição ambiental na Nigéria. Agência Federal de Proteção do Ambiente, Lagos. pp 54 -55

[30] Governo Federal da Nigéria (FGN) (2000). Abastecimento de água e nota de estratégia provisória. Governo Federal da Nigéria: http://siteresources.worldbank.org /NIGERIAEXTN/ Resources/wss_1100.pdf. Acedido em 17th junho, 2013.

[31] Governo Federal da Nigéria (FGN)(2007). Aviso legal sobre a publicação do relatório do recenseamento de 2006. Jornal Oficial do Governo Federal da Nigéria, 4(94), pp. 1-8.

[32] Jornal Oficial da República Federal da Nigéria, Lagos No.42, Vol.(1). p.13

[33] Fujioka,R., Sian-Denton,C., Borja, M., Castro, J e Morphew,K. (1999). Solo: a fonte ambiental de Escherichia coli e Enterococci nos riachos de Guam. Suplemento 85 do Simpósio do Journal of Applied Microbiology, 83S-89S

[34] Hach Company (1997). Manual do instrumento Espectrofotómetro Modelo DR/2000 http://www.hach.org. Impresso nos E.U.A. 8298 8/97- 1000. Acedido em 25th março, 2013

[35] Hammack, S.P. e Gill, R.J. (2002). Frame score e peso do gado, Texas http://animalscience.tamu.edu/ansc/publications/beefpubs/L5176- framescore.pdf. Acedido em 7 de junho de 2013

[36] Harte, J., C. Holdren, R. Schneider e C. Shirley. (1991). Toxics A to Z: A guide to everyday pollution hazards, University of California Press, Berkeley.

[37] Hicks, M. (2002). Setting standards for the bacteriological quality of Washington's surface waters draft discussion paper and literature summary (Estabelecimento de normas para a qualidade bacteriológica das águas de superfície de Washington). Departamento de Ecologia do Estado de Washington, pp115 http://www.boquetriver.org http//www.experts.about.com/q/food-science- 1425/cow weigh-cow meat.html Acedido em 7th junho de 2013

[38] Hodgson O. A., (2000). Tratamento de esgotos domésticos em Akuse (Gana). Water SA Vol. 26. p.3

[39] Agência Internacional de Investigação do Cancro (IARC) (1978). Some N-Nitroso Compounds (Alguns compostos N-Nitroso). IARC Monographs on the Evaluation of Carcinogenic Risk of

Chemicals to Humans, p17.

[40] Jensen F.B. (2003). O nitrito perturba múltiplas funções fisiológicas em animais aquáticos. Journal of Biochemical Physiology; 135A:pp.9-24.

[41] Kakulu, S.E. (2002). Um inquérito sobre os níveis de mercúrio no peixe do território da capital federal da Nigéria. Global Journal of Environmental Sciences 1(1) pp.53-57.

[42] Kaizer, A.N., Adaikpoh E.O., Osakwe, S.A., e Obanogun-Odiete, E. (2001). Poluição por metais pesados das águas superficiais em locais de extração de carvão em Enugu, no sudeste da Nigéria. Agid pp.1-5.

[43] Krantz, D. e Kifferstein, B. (2005). A poluição da água e a sociedade. http://www.umich.edu/~gs265/ society/waterpollution.htm.

[44] Krieg N.R, e Holt J.G. (1984). Bergey's manual of determinative bacteriology. William and Wilkins Co, Baltimore, U.S.A. pp 30-38.

[45] Meadows, R. (1995). "Livestock legacy" Environmental Health Perspectives 103(12) pp.1096-1100

[46] Metcalf e Eddy (2003). Wastewater engineering treatment and reuse, 4th edition, Mc Graw Hill, New York. pp. 29-88.

[47] Mallin, M.A., Johnson,V.L. Ensign, S, H. e T.A. MacPherson. (2006). Factores que contribuem para a hipóxia em rios, lagos e ribeiros. Limnology and oceanography 51: pp. 690-701.

[48] Mihir lal saha, Mahbubar Rahman Khan, Mohammad Ali e Sirajul Hoque (2007). Carga bacteriana e nível de poluição química do rio Buriganga, Dhaka, Bangladesh. Bangladesh J. Bot. 38(1): pp. 87-91

[49] Mirvish, S.S. (1983). Journal of the National Cancer Institute, 71: pp. 629-647.

[50] Mirvish, S.S. (1991). The significance for human health of nitrate, nitrite, and N-nitroso compounds. In: I. Bogardi e R.D. Kuzelka, Editores, Nitrate Contamination, Springer, Berlim: pp.253-266.

[51] Mittal, G.S., (2004). Caracterização das águas residuais de efluentes de matadouros para aplicação em terra. Journal of Food Rev. Int., 20: pp.229-256.

[52] Avaliação Ecosistémica do Milénio (MA) (2005b). Ecosystems and Human Well being: Synthesis. Island Press, Washington, DC.

[53] Mozaffarian D., e E.B. Rimm (2006). Fish intake, contaminants, and human health: evaluating the risks and the benefits (Ingestão de peixe, contaminantes e saúde humana: avaliação dos riscos e benefícios). Journal of the American Medical Association, 296(15): pp.1885-1899.

[54] Nafarmda, W.D., Yayi, A., e Kubkomawa, H.I. (2006). "Impacto dos resíduos de matadouros na vida aquática: um estudo de caso do matadouro de Yola". Global Journal of. Ciência Pura e Aplicada. 12(1):pp.31-33.

[55] Obasi R.A. e Balogun O. (2001). Qualidade da água e avaliação do impacto ambiental dos recursos hídricos na Nigéria. Revista Africana de Estudos Ambientais (2)228-231

[56] Olayinka KO e Alo BI (2004). Estudos sobre a poluição industrial na Nigéria: os efeitos dos efluentes têxteis na qualidade das águas subterrâneas em algumas zonas de Lagos. Nigeria

Journal of Health and Biomedical Sciences. 2004. 3(1): pp. 44-50.

[57] Omole, D.O. e Longe E.O. (2008). Uma avaliação do impacto dos efluentes de matadouros no rio Illo, Ota, Nigéria. Jornal de Ciência e Tecnologia Ambiental. 1: 56-64.

[58] Osibajo, O. e Adie, G.U.(2007). "Impacto dos efluentes do matadouro de Bodija nos parâmetros físico-químicos do ribeiro de Osinkaye na cidade de Ibadan, Nigéria". African Journal Biotechnology.6 (15):1806-1811.

[59] Ovrawah, L. e Hymore, F.K. (2001). Qualidade da água de poços escavados à mão nos arredores de Warri, na região do Delta do Níger. Jornal Africano de Estudos Ambientais. 2(2) 169-173.

[60] Owili, M. A., (2003). Assessment of impact of sewage effluents on coastal water quality in Hafnarfjordur, Iceland , Reykjavik, Iceland . pp.82-87.

[61] Pacyna E.G., J. M. Pacyna, F. Steenhuisen, e S. Wilson. (2006). Inventário global de emissões antropogénicas de mercúrio para 2000. Atmospheric Environment, 40 (22): p.4048.

[62] Packman, J. J., Comings K. J. e Booth, D. B. (1999). Using turbidity to determine total suspended solids in urbanizing streams in the Puget Lowlands: In Confronting Uncertainty: Managing Change in Water Resources and the Environment, reunião anual da Associação Canadiana de Recursos Hídricos, Vancouver, BC, 27-29 de outubro de 1999, p.158-165.

[63] Pearson H.W., Mara, D.D, Mills, S.W., e Smallman, D.J. (1987). Parâmetros físico-químicos que influenciam a sobrevivência de bactérias fecais em lagoas de estabilização de resíduos. Wat. Sci. Tech. 19 (12), 145-152.

[64] Raheem N.K. e Morenikeji O.A.(2008). Impacto dos efluentes de matadouros nas águas superficiais do riacho Alamuyo In Ibadan Journal of Applied Science, Environment and Managcmcnt.Vol.12 (1)73-77 jumokc.morenikeji@mail.ui.edu.ng Acedido em 23/05/2012

[65] Sand-Jensen, K., T. Riis,O. Vestergaard, e S.E. Larsen (2000). Macrophyte decline in Danish lakes and streams over the past 100 years (Declínio de macrófitas em lagos e riachos dinamarqueses nos últimos 100 anos). Journal of Ecology 88:1030-1040.

[66] Organização de Normalização da Nigéria (2007). Norma industrial da Nigéria. Sede operacional do grupo de preços D, Lagos, Nigéria. p.49

[67] Stone, M. e Droppo, I. G. (1994). Lâminas de sedimentos de grão fino superficiais no canal (Parte II): caraterísticas químicas e implicações para o transporte de contaminantes por sedimentos fluviais. Hydrological Processes, 8(2): 113-124.

[68] Toumi A., Nejmeddine A e El Hamouri B, (2000). Remoção de metais pesados em lagoas de estabilização de resíduos e lagoas de alta taxa. In: Nkegbe E., Emongor V e Koorapetsi I (2005). Avaliação da qualidade dos efluentes na estação de tratamento de águas residuais de Glen. Jornal de Ciências Aplicadas 5 (4): 647 - 650.

[69] Tritt, W.P. e F. Schuchardt (1992). Fluxo de materiais e possibilidades de tratamento de resíduos líquidos e sólidos de matadouros na Alemanha. Bioresources Technology 41:235-245.

[70] Turner RE, Nancy NN, Justic D, Dortch Q (2003). Futuras limitações de nutrientes aquáticos. Mar

Pollut Bull 2003b; 46:p.1032.

[71] Fundo das Nações Unidas para a Infância (UNICEF) (2006). Progresso para as Crianças: A Report Card on Water and Sanitation. Número 5, setembro de 2006.

[72] Fundo das Nações Unidas para a Infância (UNICEF) (2008). Handbook on water quality (Manual sobre a qualidade da água). UNICEF, Nova Iorque. pp.102-112

[73] Organização das Nações Unidas para a Educação, a Ciência e a Cultura (UNESCO) (2006). A água, uma responsabilidade partilhada. Relatório das Nações Unidas sobre o Desenvolvimento Mundial da Água 2. Nova Iorque, http://unesco-unesco.org/water/images/001454/145405E.pdf.

[74] Programa das Nações Unidas para o Desenvolvimento (PNUD) (2006). Relatório sobre o desenvolvimento humano, 2006. Para além da escassez: poder, pobreza e a crise mundial da água.440p http://htr.org.undp.org/en/media/. Acedido em 4 de fevereiro de 2010

[75] Programa das Nações Unidas para o Ambiente (PNUA) (2010). Clearing the waters pacific institute, California pp.7 Acedido em 06th agosto, 2013

[76] Nações Unidas (ONU) Água (2008). Enfrentar uma crise global: Ano Internacional do Saneamento 2008. http://www.wsscc.org_ tackling_a_global_crisis.pdf. Acedido em 9 de fevereiro de 2012)

[77] Programa Mundial de Avaliação da Água das Nações Unidas (UN WWAP) (2009). Água e indústria. Recuperado em 16 de dezembro de 2009 de http://www.unesco.org/water/wwap/ facts_figures/ water_industry.shtml. Acedido em 9th fevereiro, 2013

[78] Sistema de Monitorização Ambiental Global do Programa das Nações Unidas para o Ambiente (UNEPGEMS/Água). (2007). Perspectivas da Qualidade da Água. http://esa.un.org/iys/docs/ san_lib_ docs/water_ quality_outlook.pdf. (Recuperado em 28 de julho de 2013,)

[79] Viv Bewick, Liz Cheek e Jonathan Ball (2004). Statistics review 9: One-way analysis of variance. Centro Nacional de Informação Biotecnológica, Biblioteca Nacional de Medicina dos EUA, 8600 Rockville Pike, Bethesda MD, 20894 EUA. pp. 80-113

[80] Ward, N. I., (1995). Environmental analytical chemistry. In Trace Elements (eds Fifield, F. W. e Haines, P. J.), Blackie academic and professional, UK, pp. 320-328.

[81] Wasserman, G.A. e Liu, X.H. (2006). Exposição ao manganês na água e função intelectual das crianças em Araihazar, Bangladesh. Environmental health perspectives 112:1329-1333.

[82] Welch, E.B.,. Horner, R.R e C.R. Patmont (1989). Previsões da biomassa perifítica incómoda: A management approach. Water Res. 23(4): 401-405.

[83] Wetzel R.G. (2001) limnology, 3rd Edition, New York academic press. pp.55-62 www.ciese.org, Acedido em 30th agosto, 2013

[84] Banco Mundial (1995). Opções estratégicas da Nigéria para a correção da poluição industrial. Banco Mundial, Divisão de Indústria e Energia. Departamento da África Central Ocidental. Vol. 2, Anexos. pp.60-62.

[85] Organização Mundial de Saúde (OMS)/Fundo Internacional de Emergência das Nações Unidas para a Infância (UNICEF)(2010). Report of the WHO/UNICEF joint monitoring programme on water supply and sanitation (Relatório do programa conjunto de monitorização da OMS/UNICEF sobre abastecimento de água e saneamento). Nova Iorque, Genebra, Fundo das Nações Unidas para a Infância e Organização Mundial de Saúde. pp.221-231.

[86] Organização Mundial de Saúde (OMS) (2005). Mercury in drinking water. http://www.who.int/water_ sanitation_health/dwq/chemicals/mercuryfinal.pdf. . pp.33-41. Acedido em 9th Dec.2013

[87] Organização Mundial de Saúde (OMS) (2004). A água, o saneamento e a higiene estão ligados à saúde: Factos e números actualizados em novembro de 2004. Obtido em 9 de dezembro de 2009 em http:// www.who.int/water_sanitation_health/publications/facts2004/ en/index.html.

[88] Organização Mundial de Saúde (OMS) (2003). Mercúrio elementar e compostos inorgânicos de mercúrio: aspectos da saúde humana. http://www.who.int/ipcs/ publications/cicad/en/cicad50.pdf. Acedido em 10th Dec., 2013

[89] Banco Mundial (1998). Processamento e transformação de carne: Pollution prevention and abatement handbook, departamento de ambiente. 1ª ed., Banco Mundial, Washington DC.pp. 132-137

[90] Organização Mundial de Saúde (OMS) (1996). Total dissolved solids in drinking-water. documento de base para o desenvolvimento das Diretrizes da OMS para a qualidade da água potável. Organização Mundial de Saúde, Genebra. 2ª edição. Vol. 2. pp.65-70

[91] Yapici, G., I.H.G. Timur e A. Kaypmaz, (2006). Lead and cadmium exposure in children living around a coal-mining area in Yatagan, Turkey, Toxicology Industrial Health, 22: 357- 62.

APÊNDICE 1: Valores médios sazonais dos parâmetros físico-químicos no rio Katsina-Ala, Benue, Nigéria

Parameter	Site 1	Site 2	Site 3	Site 4	Site 5	Total	Mean and standard deviation	FMEnv(1991)/ WHO (2004)
Temperature								< 40°C
Rainy Season	29.5	29	29.5	30	30	148.0	29.6 ± 0.41	
Dry season	32	31	31	31	31	156.0	31.2 ± 0.45	
Turbidity								**5**
Rainy Season	46	49	152	39	37	323	64.6 ± 49.1	
Dry season	3	1	260	0	0	264	52.8 ± 115.8	
Colour								7
Rainy Season	253	247	520	255	229	1504	300.8± 122.9	
Dry season	0	0	550	1	0	551.0	110.2± 245.8	
Total Suspended solids								**30**
Rainy Season	31	37	57	31	29	185.0	37.00± 11.57	
Dry season	0	0	134	3	0	137.0	27.4 ± 59.6	
Dissolved solids								**2000**
Rainy Season	22.4	30.8	44.8	40.6	36.2	174.8	34.9 ± 8.7	
Dry season	12.8	14.2	42.6	15	17.8	102.4	20.4 ± 12.4	
Total Solids								**2000**
Rainy Season	53.4	67.8	101.8	71.6	65.2	359.8	71.9 ± 18.01	
Dry season	12.8	14.2	176.6	18	17.8	239.4	47.8 ± 71.9	
pH								**6-9**
Rainy Season	6.8	6.8	6.6	6.8	6.8	33.8	6.7 ± 0.08	
Dry season	7.2	7.2	6.6	7.2	7.2	35.4	7.08 ± 0.27	
Hardness								**100-500**
Rainy Season	20	20	80	40	40	200	40.0 ± 24.4	
Dry season	40	40	60	60	40	240	48.0 ± 10.9	

Calcium								**200**
Rainy Season	20	20	40	20	20	120.0	24.0 ± 8.9	
Dry season	20	20	40	40	20	140	28.0 ± 10.9	
Magnesium								**200**
Rainy Season	0	0	40	20	20	100.0	20.0 ± 20.0	
Dry season	20	20	20	20	20	100.0	20.0 ± 0.03	
Chlorine								**600**
Rainy Season	36.4	38.6	54.8	48.4	46.2	308.6	51.43 ± 0.71	
Dry season	28.4	30.2	52.2	36.8	34	246.4	41.1 ± 5.9	
Nitrate								**20**
Rainy Season	40.8	48	56.4	48.6	47.8	241.60	48.3 ± 5.5	
Dry season	20.4	26.8	54.8	46.6	44.2	192.80	38.5 ± 14.3	
Sulphate								**500**
Rainy Season	22	30	45	38	36	171.0	34.2 ± 8.6	
Dry season	14	22	40	26	24	126.0	25.2 ± 9.4	
Phosphate								**5**
Rainy Season	0.96	1.02	1.96	1.64	1.22	6.80	1.3 ± 0.4	
Dry season	0.64	0.72	1.98	1.46	1.20	6.00	1.2 ± 0.5	
COD								**80**
Rainy Season	136	142	328	248	196	1050	210.0 ± 80.1	
Dry season	116	124	320	196	152	908.0	181.6 ± 83.4	
$DO_{2(0)}$								**>5**
Rainy Season	6.3	6.1	5.9	6.1	6.2	30.50	6.1 ± 0.14	
Dry season	5.3	5.2	4.9	5.0	5.1	25.5	5.1 ± 0.15	
$DO_{2(5)}$								**>5**
Rainy Season	5.2	4.9	3.2	4.0	4.6	21.9	4.38 ± 0.79	
Dry season	4.3	4.2	2.2	3.4	3.8	17.9	3.5 ± 0.84	
$BOD_{(5)}$								**50**
Rainy Season	68	71	164	124	98	525.0	105.0 ± 40.0	
Dry season	58	62	160	98	76	454.0	90.8 ± 41.7	

CHAVE: Todos os parâmetros medidos (mg/l) exceto a temperatura (° C); turbidez (NTU)

APÊNDICE 2: Valores médios da concentração sazonal de metais vestigiais e pesados no rio Katsina-Ala, Estado de Benue, Nigéria

Trace/Heavy Metals (mg/l)	Site 1	Site 2	Site 3	Site 4	Site 5	Total	Mean& standard deviation	FMEnv (1991)/WHO (2004)
Fe^{2+}								20
Rainy season	0.24	0.27	1.42	0.36	0.32	2.61	0.52± 0.50	
Dry season	0.18	0.20	3.00	2.40	2.36	8.14	1.62± 1.33	
Zn^{2+}								<1
Rainy season	0.84	0.96	1.62	1.22	1.04	5.68	1.13± 0.30	
Dry season	0.76	0.82	2.24	2.04	1.96	8.26	1.65± 0.79	
Cr^{6+}								0.05
Rainy season	0.01	0.02	0.04	0.03	0.03	0.13	0.026± 0.011	
Dry season	0.01	0.01	0.05	0.03	0.02	0.12	0.024± 0.01	
Mn^{2+}								5
Rainy season	0.1	0.1	0.2	0.2	0.1	0.34	0.068± 0.08	
Dry season	0.01	0.01	0.03	0.02	0.02	0.09	0.018± 0.008	
Cu^{2+}								<1
Rainy Season	0.28	0.34	1.22	0.82	0.64	3.30	0.66± 0.38	
Dry season	0.44	0.46	1.24	0.84	0.68	3.66	0.73± 0.32	
Pb^{2+}								0.05
Rainy Season	0.002	0.004	0.007	0.005	0.005	0.02	0.0046± 0.001	
Dry season	0.00010	0.0002	0.0034	0.0026	0.01	0.016	0.0016± 0.00146	
Cd^{2+}								0.01
Rainy Season	0.0010	0.0020	0.0030	0.0020	0.0020	0.01	0.0020 ± 0.0007	
Dry season	0.0010	0.0014	0.0026	0.0020	0.0016	0.01	0.00017 ± 0.00061	

APÊNDICE 3: Variações sazonais na contagem bacteriana (10^5 CFU/ml) no rio Katsina-Ala, Benue, Nigéria

Bacteria (CFU/ml)	S_1	S_2	S_3	S_4	S_5	Total	Mean & Standard deviation	FMEnv(1991)/ WHO (2004)
Escherichia. Coli								400
Rainy Season	0.0014	0.0062	0.0064	0.0027	0.0022	0.02	0.0038 ± 0.002	
Dry season	0.009	0.0016	0.0039	0.016	0.003	0.02	0.0038 ± 0.003	
Klebsiella sp								400
Rainy Season	0.006	0.0126	0.058	0.0024	0.0022	0.08	0.0162 ± 0.0237	
Dry season	0	0	0.0034	0.0023	0.0020	0.01	0.0015 ± 0.0015	
Proteus vulgaris								400
Rainy Season	0	0	0.0120	0.0042	0.0026	0.02	0.038 ± 0.0049	
Dry season	0.0008	0.0009	0.0039	0.0028	0.0020	0.01	0.0021 ± 0.00131	
Salmonella typhi								400
Rainy Season	0.033	0.035	0.0348	0.038	0.010	0.15	0.0302 ± 0.013	
Dry season	0	0	0.025	0.024	0.022	0.07	0.014 ± 0.0130	
Streptococcus faecalis								400
Rainy Season	0	0	0.0176	0.0038	0.0032	0.02	0.0049 ± 0.0073	
Dry season	0	0	0.0013	0.0010	0.008	0.01	0.0021 ± 0.0033	

KEY: fator de diluição = 10^5 (CFU/ml)

Printed by Books on Demand GmbH, Norderstedt / Germany